从负债
2000万
到心想事成
每一天

[日] 小池浩 著
于之江 译

北京时代华文书局

图书在版编目（CIP）数据

从负债 2000 万到心想事成每一天 /（日）小池浩著；于之江译 . -- 北京：北京时代华文书局，2023.1（2025.9 重印）
ISBN 978-7-5699-4733-5

Ⅰ.①从… Ⅱ.①小… ②于… Ⅲ.①人生哲学－通俗读物 Ⅳ.① B821-49

中国国家版本馆 CIP 数据核字（2023）第 241389 号

北京市版权局著作权合同登记号　图字：01-2022-3492 号

SHAKKIN 2000MAN-EN WO KAKAETA BOKU NI DO-S NO UCHU-SAN GA OSHIETEKURETA CHO-UMAKUIKU KUCHIGUSE by Hrioshi Koike
Copyright © Hiroshi Koike, 2016
All rights reserved.
Original Japanese edition published by Sunmark Publishing, Inc., Tokyo

This Simplified Chinese language edition published by arrangement with Sunmark Publishing, Inc., Tokyo in care of Tuttle-Mori Agency, Inc., Tokyo through LeMon Three Agency, division of Shanghai Moshan Liuyun Cultural and Art Co., Ltd, Shanghai.

CONG FUZHAI 2000WAN DAO XINXIANGSHICHENG MEIYITIAN

出 版 人	陈　涛
策划编辑	薛　芊
责任编辑	薛　芊
责任校对	凤宝莲
装帧设计	WONDERLAND Book design　仙境 QQ:344581934
内文设计	段文辉
责任印制	訾　敬

出版发行	北京时代华文书局 http://www.bjsdsj.com.cn
	北京市东城区安定门外大街 138 号皇城国际大厦 A 座 8 层
	邮编：100011　电话：010-64263661　64261528
印　　刷	河北京平诚乾印刷有限公司　010-60247905
	（如发现印装质量问题，请与印刷厂联系调换）
开　　本	880 mm×1230 mm　1/32　印　张 | 7.75　字　数 | 125 千字
版　　次	2023 年 5 月第 1 版　印　次 | 2025 年 9 月第 14 次印刷
成品尺寸	145 mm×210 mm
定　　价	48.00 元

版权所有，侵权必究

「別放弃,別放弃。」

深陷人生低潮时,我跟那个一脸嚣张的虐待狂相逢了。

十二年前的我，差点被自己的梦想压垮。

我存了七年的钱，在故乡开了一间梦寐以求的服装店。

梦想成真了，商品却卖不出去，无人上门。

但是，我没有勇气把店关了，甚至不惜借钱来维持这个梦想。

起初我只向银行借钱，但借的钱很快就不够了，只好去借消费信贷。

最后，我甚至连万万不能碰的高利贷都借了。

回过神来，我居然负债超过两千万日元。

我找过好几个律师,但他们只说:"你只能宣告破产了。"

　　每个人都放弃了我。没错,连我都放弃了自己。

　　朋友和伴侣都离我远去,我陷入了前所未有的人生低潮。

　　不管是开车还是上厕所,我的眼泪都会不争气地一颗颗掉下来。

　　当时,我甚至心想"干脆死了算了",可是担保人是我爸妈,因此我连死都办不到。

　　我不知道该怎么办。

　　那一夜,我在浴室里落泪。

"真希望结束这一切。"

此时,我忽然听见一个声音。

"别放弃,别放弃。"

看来那是我的心声。

我已分不清脸上是花洒的热水还是泪水,不成声地咕哝道:

"我已经没有人能依靠了。救救我!神啊,老天爷啊,老祖宗啊,宇宙啊!"

这时,奇迹发生了。

你叫我了？

对吗？

喂！小池！

××： "嘿！好久不见！"

小池： "好久不见？什么？我……我不认识你，我不认识你，请你离开我家！"

××： "话说，你这小子，难得有趣一次，现在放弃多可惜啊！"

小池： "什么？你在说什么？话说回来，你谁啊？"

××： "我？你刚刚不是叫过我的名字嘛，我是宇宙呀。"

小池： "啥？宇宙？"

自称宇宙： "这个嘛，其实我是负责通信的。好，既然你叫了我，想必是下定决心了吧？"

小池： "咦？什么决心？"

自称宇宙： "什么决心？向宇宙下订单啊？所以你才把我叫来的吧？"

小池： "向宇宙下订单？什么订单啊？"

自称宇宙： "你是被负债弄到脑残了吗？所谓的下订单，当然是你提出愿望订单，然后我再帮忙转交给宇宙啊！"

小池： "愿望？向宇宙许愿？我现在没空向星星许愿啊！我的人生只剩两条路，不是去死就是睡路边！"

自称宇宙："睡路边？很好啊！欠债两千万，然后睡路边！接着，再来个人生大逆转！嗯嗯……小池，你很会想戏码嘛！"

小池： "不不不，才不是什么戏码呢。我这个人啊，已经没有其他路能走啦……"

自称宇宙："所以我说啊，你的订单，就是从现在起来个大逆转戏码，对吧？"

小池： "咦？你是说，从现在起，我可以实现人生大逆转？"

自称宇宙："不是'可以'大逆转，而是'即将'大逆转才对吧！你不就是为了这个才特地想起我吗？"

小池： "咦？你说想起你……我根本不知道你是谁啊。"

自称宇宙　"够了哦！你到底要不要下订单？什么鬼愿望我都能帮你实现，快点决定啊！"

小池：　　"什么都可以？真的？好,好,那就拜托你了！我要人生大逆转！啊，我不要狼狈地睡路边！你真的能帮我实现？"

自称宇宙：　"嗯，那当然，宇宙一言既出，驷马难追。除非你不遵守'法则'。"

小池：　　"法则？什……什么法则呀？只要能摆脱现在的窘境，我什么都愿意做！"

从那天起，嚣张的虐待狂宇宙先生，开始对我进行了一连串的魔鬼训练。

我照着他说的"愿望实现法"每日实行，九年还完两千万负债。

当时还受家人接济的我，实在无法想象未来的日子将是多么幸福。

太神奇啦，宇宙先生！

目录

第1部 不可思议的宇宙法则

1. "我办不到""我就知道行不通"也是一种"宇宙订单"! 002
2. 为了还债,我所说的第一句话 018
3. 设定人生游戏"难度"的人,就是你自己啊 021
4. 现在你眼前的世界,是你一手造成的! 032
5. 宇宙的提示就藏在最初的0.5秒里,懂了就赶快行动! 037
6. 只有想中奖的人才会中奖,宇宙创造的奇迹永远没有限额! 043
7. 说五万次"谢谢",换来惊人的"震撼体验" 047
8. 扭转人生的秘密:与潜意识心心相印的诀窍 059
9. 宇宙先生倾囊相授
   ——使下订单能力增强六万倍的"小小奇迹游戏" 065
10. 能超越"延迟"的人,才能实现愿望! 069
11. 下订单后所发生的一切,都是宇宙精心安排的 077
12. 怎样才能打动人心?朝他的眉心送出"独门光波"! 086

13 别担心！宇宙的三项法则会助你实现你的愿望　　094
14 宇宙先生教你打败许愿新手的程咬金——"梦想杀手"！　　098
15 首先，你要当自己的靠山！　　105

第2部　宇宙超级喜欢戏剧性

16 抱着白猫的太太，带来意想不到的好运　　110
17 遇事不要中途乱下定论，因为彩蛋常排在后头　　117
18 宇宙的运作系统就是"事先付款"　　119
19 宇宙先生教你"入账口头禅"　　126
20 学会超厉害的口头禅，让所有人、事、物都在一周内改变　　130
21 你知道宇宙的"超能力"系统吗　　138
22 宇宙的订单系统，逾期就会增加利息　　144
23 想结婚，就找宇宙媒人网！　　150
24 学起来！终极"神社参拜法"，让你跟宇宙联结起来！　　155
25 神的使者，乌鸦天狗现身！　　162
26 你要"背着债务结婚"，还是"还完债再结婚"？　　167

27	运用伴侣的力量，使下订单能力加倍威猛！	*172*
28	如何斩断量产不幸的"受虐狂生产线"	*179*
29	注意了，"只有××的人才能得到幸福"的时代，来临了！	*187*
30	塞翁失马，焉知非福，不要轻易下定论	*193*
31	"终极入账口头禅"，加快你的赚钱速度！	*204*
32	这一天终于来了！两千万债务，还清！	*209*

尾声　未来早已注定 *214*

后记 *219*

小池（本名：小池浩）

三十六岁，现居仙台。当了七年卡车司机，用七年的积蓄开了一家梦寐以求的服装店。鲁莽的他，贸然将店里的风格设定为"小池精品服装店"，导致门可罗雀，回头一看才发现已经欠下两千万日元的债务（其中有六百万是高利贷）。每月偿还金额超过四十万，本金却完全没减少，被逼到绝境的他，只剩下宣告破产和自杀两条路能走了。此时，小池涕泪纵横地大喊"大宇宙啊"，竟然出现了一只奇怪的浮游生物……从此，他踏上了还清债务、人生大逆转的旅途。

宇宙先生（本名：伟大之泉）

在小池的呼唤下，这名自称"宇宙"的浮游生物现身了。虽然他经常用火暴的语气对小池下命令，但与小池似乎是旧识，他不受表象迷惑，能一眼看穿小池的心。不知为何，花洒是他穿梭宇宙的通道，他似乎能通过脚下的"泉水"任意瞬间移动。小池问他名字，他大发慈悲地说："叫我伟大之泉吧。"小池却没大没小，说什么"这样读者记不住啊"，擅自将它改成"宇宙先生"。他心里暗想："啊，是不会叫我泉泉了？"

第 1 部

不可思议的宇宙法则

1 "我办不到""我就知道行不通"
   也是一种"宇宙订单"！

糟糕，我居然凄惨到开始出现幻觉了。

在浴室遇见怪事后，我摇摇晃晃地走出浴室，从冰箱里拿出气泡酒。

"冷静点，小池，冷静点。"

噗咻！

我拉开拉环，咕噜咕噜地大口畅饮，接着松了口气，坐在房间的沙发上。

"喂！你踩到我啦！笨蛋！"

一阵突如其来的怒骂，吓得我从沙发上弹起来。

"啊？！还在！你居然还在！"

"要我讲几次？是你叫我来的哦！"

"我叫你来的？呃，你是谁啊？你在这里做什么？"

"刚才我不是讲过了吗！你这个呆瓜啊！"

"……好痛！"

"你在搞什么啊？你为什么捏自己脸？"

"因为你突然从花洒里冒出来，还说'好久不见，我是宇宙'，我要么是脑袋坏了，要么就是在做噩梦啊。"

"不说这个啦。小子，你刚才不是说过嘛，'只要能摆脱现在的窘境，我什么都愿意做！'怎么样？一句话，你做不做？"

"什么？"

"我的意思是，有我当靠山，你不要再拖拖拉拉了！"

"嗯……我该怎么做才好呢？"

"够了哦！我说的话你有没有在听啊！你不是要实现人生大逆转吗？因此你要下订单，对吧？不要就拉倒，我走。"

"我……我要！我要！然后，呃，请问该怎么下订单呢？"

"啥？你连这个都忘了？"

"呃，说忘了也不大对，我根本不知道啊。"

"好，那我就大发慈悲告诉你！才怪……先等等。"

"啊？怎么了？"

"到目前为止，你的愿望已经全部实现了。现在的小池，就是你理想中的小池，你所期望的小池。"

"啊？你说这个事业惨败还欠了两千万日元的我，是

理想的我？拜托你不要开玩笑了好不好？"

"想想看，你不是常常下订单吗？'生意好差哦，生意好差哦，今天生意也好差哦'。"

"啊？什么意思？"

"你下订单，我照办，就这样而已。"

"不……不会吧！"

嘴上不承认，其实这句话敲醒了我。

没错，我的确每天喃喃自语。

"我就知道卖不出去……我设计的T恤是不是卖相很差呀？"

"欠债那么多，哪还得完呀！唉，完了，我看还是认命吧。"

仔细想想，这几年来，我几乎不曾说过什么开心的话。

难道说，这些全都变成了宇宙订单？

"对，就是这样。你设定了结果，下了订单，而我则转告宇宙，帮你实现愿望。"

说着说着，宇宙先生轻飘飘地飞向冰箱，打开冰箱门说:"我也来一罐吧。"然后取出气泡酒。

"唉,不行不行!拜托别抢走我唯一的乐趣啊!我现在只买得起那个啦!"

我成功阻止他抢走气泡酒。气泡酒是我唯一的乐趣,就算穷到只能吃一百日元的泡面当晚餐,我也不能没有气泡酒。

"对了,那个我也帮你实现了。"

"啊?"

"'我只买得起气泡酒',这个订单。"

"啊?!"

"还不快感谢我?你的每一句话,我都帮你实现了呢。"

"怎……怎么这样。不……不,不对!你才没有实现我讲的每一句话!我每次都说'请救救我',可是从来没有实现!"

"喂,你刚才说啥?什么叫'请救救我'!难道你去拉面店时会说'请救救我'吗?你是脑子不够用吗!"

"啊……那假设我说'我想还完债务',你就能帮我

实现?"

"啥,你说'想还完债务'?唉,你这小子还真的忘光了。没办法,我从零开始教起好了。烦死了。"

"不要乱跑哦。"

语毕,宇宙先生钻进他脚底那摊类似泉水的东西,紧接着又一边说着"哎哟",一边抱着黑板现身。他将黑板摆在房间正中央,思考半晌,又进入浴室。

"唉,好像不大对……是这样吗?"

他在里头自言自语,然后又打开浴室门,飘了出来。

"小池!准备好了吗!想知道宇宙的系统吗?"

"……"

"你再装哑巴试试看！小池！"

"啊……在！在！请说！"

"准备好了吗！我要用最严格的标准，教会你宇宙的系统！"

"……系统？"

"我说你啊，不是说要人生大逆转吗？不知道系统怎么行？宇宙的系统跟地球的不一样。我要逼你学会如何向宇宙下订单，皮给我绷紧一点儿！你就当作自己在参加奥运会，打落牙齿和着血吞！"

"啊……奥运会？别开玩笑了，不可能啊。"

"好啊，那你就等着被债务压死好了！"

"我……我不要！"

"那就做好心理准备。一旦了解了系统，剩下的就不难了。只是，你必须先做好心理准备！你连自己该做什么都没想好！现在就决定，马上决定！一句话，要不要还债？怎么样，说啊？"

"呃，可是，我欠了两千万日元啊，不是两百万日元！怎么可能那么简单就还得了啊。"

"……哦,是啊。那就是还不了咯。像你这种人啊,一辈子都还不了债。对,你就是还不了,死了也还不了,下辈子也还不了。"

"你……你干吗说这种话?"

"你不是自己说了吗?'还不了债'。既然你说了'还不了债','还不了债'就会在宇宙中回响,'还不了债'就会成真!"

"太狠了吧。别看我这样,我也是很努力的。"

"努力归努力,还是还不了呀。"

"为什么啊?"

"你'很努力'?'很努力还是还不了'?好,那你就是一辈子都很努力却还不了债了。小池先生,你好努力哦,真的好辛苦哦。"

"……"

"……啧……"

宇宙先生啧了一声,开始在黑板上写字。

"这就是宇宙的法则啦!"

"宇宙的法则?"

宇宙先生活像补习班的魔鬼讲师,用短短的手指着黑板,一边开始解释。

"不要给我发呆,做笔记!你以为自己在上谁的课啊!"

"啊?笔记?遵……遵命!"

我赶紧抄下宇宙先生所说的话。

第1部　不可思议的宇宙法则

宇宙级大师
宇宙先生的第一课

马上戒掉"自虐""请求""做梦"的口头禅，改成完成式口头禅！

先说结论。

想实现愿望，必须遵守这三项法则：

先想好结果，再向宇宙下订单。
0.5秒内抓住宇宙给予的提示，马上行动！
学会将好事挂在嘴上。

宇宙是一个场域，场域中的能量会经由宇宙不断增强再增强，然后在我们面前成形。

这就是宇宙的性质。

宇宙最容易捕捉到的能量波动，就是你的信念或话语。

你平常说的话，你的**口头禅，代表着你的信念，你的"人生根基"**。

你是觉得"我超强"，还是"我这个人就是没用"？

一个人的口头禅显示出当事者的信念，别人一听就知道。

嘴巴说出来的话，是有能量的。日文中有一个词叫作"言灵"（Kotodama），足见日本人从很久以前就知道，语言具有强大的能量。

人们日常生活中的口头禅，可能在不经意间输送到了宇宙。

换句话说，你自己选了想要增强的能量，然后时不时地向宇宙"下订单"。

我想大家都听过"改变平时的自言自语就能改变人生，

实现愿望"这类的话，那是因为你的自言自语，就等于在向宇宙下订单。

宇宙如何帮助你实现愿望？简单说来，它只是将你说出来的话**增强**而已。如何实现嘴巴讲出来的愿望？运作原理就是：**你的话语能量，由宇宙不断增强、增强、再增强，然后再还给你，就这样。**

"卖不出去。"

"办不到。"

"还不了债。"

小池常挂在嘴上的那些"自虐口头禅"，也全部被增强了。而小池的人生，也变得更加"卖不出去""办不到""还不了债"。

有三种口头禅模式，是人类最容易使用的。第一种是**自虐口头禅**；第二种是**请求口头禅**，如"请救救我"；第三种是**做梦口头禅**。

宇宙只能将能量增强,如果你对宇宙说:"请救救我",会发生什么事?宇宙会增强"请救救我"的能量。"请救救我""请救救我""请救救我"……结果呢?

你将变得只会大喊"请救救我"。

同样的道理,第三种做梦口头禅也不行。

"好想环游世界!""好想变成年薪两千万!"

这种"好想怎样怎样"的订单,只会增强"现在我无法环游世界,真希望有一天能办到"的能量。

到头来,宇宙只会给你一个永远渴望环游世界的人生。

宇宙没有善恶之分,也没有主观判断。不骗你,真的完全没有。它只是将人类的口头禅能量增强再增强,然后化为现实。

如果你对现实不满,宇宙只会说:"啥?那是你自己说的啊。我只是忠实照办而已,怪我咯?"

宇宙不会判断订单真伪,不会细想:"'不知道小池先生的真心话是什么。''不可能有人要这种苦命的订单吧。'"

"你看,这是你自己要求的啊。"宇宙是个彻头彻尾的虐待狂,只会忠实增强语言的能量,残酷地将它化为现实。这就是宇宙。

若希望愿望实现,人类只能"想好结果,然后下订单"而已。

先在心中"做好决定",然后清楚地说出口,向宇宙下订单。

接着,将它变成口头禅。习惯成自然,你必须发自内心地深信愿望已经实现。

这就跟在咖啡厅点餐一样。

如果想喝咖啡,就明白地说出:"我要一杯咖啡。"没有人会蠢到说:"我想喝点东西。"讲得不清不楚,谁听得懂?

说得更极端些,也不会有人点了咖啡,却担心"很难说吧,搞不好端出来的是红茶"或是"点了咖啡,也不保证就能拿到咖啡啊",这也太奇怪了吧。

向宇宙下订单，也是一模一样的道理。

**想清楚自己想要的结果，然后下订单。
接着怀着信心，等待成果到来。**

戒掉三种不好的口头禅后，该怎么做才对呢？
学会**完成式口头禅**。
"我环游世界一周了""我赚到年薪两千万了"，只要清楚地说出结果就好！

第 1 部　不可思议的宇宙法则　017

2 为了还债，我所说的第一句话

"我刚刚说了，我会实现你所说的每一句话。应该说，你说过的每句话我都实现了，跟你的意愿没有关系。你说的每句话都有能量，而宇宙能增强这股能量。如果你真的想来个人生大逆转，就想好自己想要什么样的结果，然后向我下订单吧！"

"……好，我想还债。"

"你个臭小子！我讲话你有没有在听啊！'想还债'是什么鬼，这就是你想要的结果吗？说啊？如果只是'想还债'，这愿望早就实现啦！你这几年不是都处在'想还债'的状态吗？"

"啊！这样啊……好，那我要还债！"

"'结果'懂不懂,给我用过去式!"

"是!我还债了!"

"什么时候?什么时候还债的?"

"啊?还需要期限呀?好,十年!我十年还了两千万!"

"还债之后呢?你为什么还债?"

"啊?还债之后?为什么还债?嗯,嗯,我还债是为了得到幸福!我得到幸福了!"

"很好。再来一次,从头讲一次!"

"我十年内还清债务,得到了幸福!"

"很好!看来你已下定决心了!"

"好,好!"
"好什么好,现在要说'干杯'才对!也不看看场合。"
"对,干杯!"

"好了,那我暂时离开一下。"

宇宙先生说要将订单送给宇宙,接着打开浴室门,钻入花洒,消失无踪。

3 设定人生游戏"难度"的人,就是你自己啊

就这样,我半推半就地向宇宙下了"十年还清两千万债务"的订单,不过两千万债务不可能睡个觉就消失,而我也没有突然中彩票。

有一天,朋友给我一张电影票,片名是《当幸福来敲门》(*The Pursuit of Happiness*),正好我几年没看电影了,就去电影院报到了。

那是描述一名男子人生大逆转的故事,改编自企业家克

里斯·加德纳（Chris Gardner）[1]的真实经历。

克里斯的工作，是向医生推销检测骨密度的医疗仪器。他原本打算利用这项工作赚大钱，但是缺乏医疗知识的克里斯，根本卖不出高价的医疗仪器，导致家中经济快速恶化，连房租都付不起。

有一天，克里斯带着医疗仪器走在路上，遇见一名开着红色法拉利的男子。在克里斯看来，他无疑是一名成功人士。

克里斯问道："我想问你两个问题。你的职业是什么？工作的秘诀又是什么？"

他笑着答道："我是股票经纪人。"

"需要大学文凭吗？"克里斯问。

"不需要，只要精通数字、懂得做人就好。"语毕，他

---

[1] 克里斯·加德纳是美国企业家和励志演说家。在20世纪80年代早期，加德纳因推销工作四处碰壁，带着还在蹒跚学步的儿子流落街头。他于1987年成为股票经纪人，最终成立了自己的经纪公司加德纳财富公司（Gardner Rich & Co）。

拍拍克里斯的手臂离去。

克里斯笑逐颜开。

路上的行人，在克里斯眼中都洋溢着幸福，而他决定自己也要抓住幸福。

克里斯很快就决定要在证券公司上班。他靠着绝佳的幽默感与反应力突破面试难关，被录取成为某证券公司的实习生，只是实习期间没有薪水。妻子受不了这一切，离家出走。于是，克里斯带着儿子流浪街头，但仍奋力在证券界闯荡。

正当我看得入迷时，宇宙先生冒出来说道："怎么，小池！你看的电影还真有意思。付不起房租只好当流浪汉，人生跌落谷底，这根本就是你嘛！哈哈。"

"说这个干吗？够了啊！拜托你安静点！"

我看得一把鼻涕一把眼泪，完全将自己的处境投射在角色身上，而宇宙先生则不断大笑。

"这根本就是小池你嘛！当流浪汉啊！你不是也说过要当流浪汉吗？！哇，现在连仪器都被偷了！"

没错！没钱、付不起房租、没饭吃、没学历、被骗……他的状况与我非常相似。然而，看着看着，我觉得越看越没劲儿。

"他好幸运啊。毕竟这是电影嘛。他都惨到睡公厕了，最后还是获得了成功。毕竟这是电影，怎么可能不顺利呢？"

"什么？小池，你在讲什么废话啊。"

电影的结局当然是完美的。我看着片尾工作人员名单，不禁嘀咕了一句："真好……要是人生跟电影一样就好了。"

"喂，小池，你刚刚说啥？"

"啊？我说：'要是人生跟电影一样就好了。'这么一来，无论遇到什么困难，我都能轻松跨越过去。"

"你是不是白痴？！"

"也是啊。怎么可能跟电影一样顺利嘛。毕竟电影归电影，现实归现实呀。"

"听我说！你是认真的吗？反了啊！反了！"

"什么？"

"其实人生跟电影没什么两样啊！"

"啥？"

"这部电影是根据真人真事改编的吧?那简单,你也有样学样就好啦。"

"有样学样,这……"

"欠一屁股债的克里斯,他做了什么?"

"他看着红色法拉利车主,问他'怎样才能变得跟你一样',然后决定要成为股票经纪人。"

"你说对了。那就是下订单。"

"下订单?"

"我说,那就是向宇宙下订单。好了,然后他又做了什么?"

"他去应聘证券公司的实习生,即使无家可归也不气馁,怀着信心坚持到底。"

"如果换成是你,剧情会怎么演?"

"啊?我吗?这个嘛……既然决定十年内还清债务,我会思考该怎么还债,然后行动……呃,不对,我的人生又不是电影。"

"哪里不一样了?"

"呃,因为克里斯很厉害啊,他的成功应该跟天分有关吧？"

"克里斯一开始不是很平凡吗？"

"可是，现实人生又不是电影或角色扮演游戏，怎么可能那么顺利呀。"

"喂，小池，你刚刚说'怎么可能那么顺利'，对吧？电影的不幸程度、凄惨程度、人生游戏的难度都上升了，你能接受吧？"

"嗯……"

"你给我仔细听好了，人生，跟电影还有游戏世界根本没两样，笨蛋。"

> 宇宙级大师
> 宇宙先生的第二课

不准再说"怎么可能那么顺利"

人的一生，跟电影里的剧情是一样的。

两者都是朝着设定好的结局前进，所以只要设定成完美结局，就一定会走向完美结局。

何谓人生？就是尽情享受电影世界，迎向难关、打倒敌人，尽情享受这段过程。

其实，地球是一个非常特别的地方。综观全宇宙，只有地球有"行动"的概念。

为什么呢？因为在宇宙这个场域之中，实现愿望是不需要"行动"的。假设"我想去夏威夷"，只要脑中浮现

"我"字,夏威夷的大海就出现在眼前;假设我"好想吃咖喱饭",一旦脑中浮现"好"字,咖喱饭就出现了。

那么,为什么会有地球这样的地方存在呢?

因为在这个地方,**能感受到宇宙所无法感受到的体验**。

"任何想法都能瞬间成形",如果永远都是这样,岂不是很无聊?有一群家伙对宇宙感到厌烦,于是嚷嚷着:"好想尝尝紧张刺激的感觉!""好想体验!""好想行动!""好想品尝成就感!"

因此,宇宙特地创造了地球。**地球,是一个需要行动、绕远路,进而体验戏剧性的世界。**

换句话说,现在地球上的所有人,都在自己的电影里扮演主角,尽情遨游。

结局已经定好了,所以只要尽情享受过程,扮演自己的角色就好。

第一步,就是设定电影的类别和结局。

你想在动作电影里当英雄,还是想谈一场甜蜜的恋爱?先想好自己主演的电影剧本吧!以小池当例子,就是"涕泪纵横的小池,创造了人生大逆转的奇迹!"

想好剧本后，就朝着结局全力扮演该角色。

别担心，无论途中发生什么惨剧，反正结局已经设定好了，一切万无一失。兵来将挡，水来土掩就是了。

不过呢……

爱把"怎么可能那么顺利"挂在嘴边的人，特别容易遇到悲剧，敌人也会强得不可思议。不过说到底，他们可能一开始就把结局设定成坏结局了。

因为那是电影的订单，那是剧本。

人生也一样。

向宇宙下订单之后，结局就已经设定好了，为什么硬要想着"怎么可能那么顺利"，特地换来悲剧？你就这么想把人生设定成最高难度吗？

就算地球是个能尽情享受行动乐趣的地方，看着你们特地把自己推到悲剧主角的位置怨天尤人，谁也不得不在心里想：喂喂，你们也未免太喜欢被虐了吧！

总之，宇宙的一切都是遵循法则，没有同情或求情的余地，谁说了什么，就会不断增强那些话的能量。就算有人大

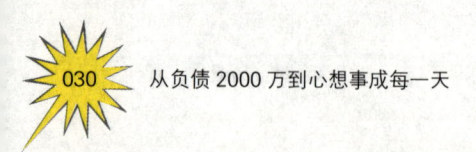

喊:"不要!住手啊!"只要他是个"热爱不幸"的人,宇宙就会把他打到连他妈妈都认不出来。不过呢,一个愿打一个愿挨,如果你被虐得很开心,我也乐见其成啊。

第1部　不可思议的宇宙法则　031

4 现在你眼前的世界，是你一手造成的！

"人生就跟电影一样吗？"

几天后，我在门可罗雀的店里，边叹气边咕哝。

"如果我是主角，可是惨到不能再惨了。接下来，我应该会遇上某个机缘，实现人生大逆转吧？"

我心想，不然把目前的处境写成电影剧本看看吧！于是决定在传单背后写下文字：

从小在乡下长大的阿浩，在高中时爱上摇滚。

同时，他也爱上摇滚风的服装。于是，他在某知名流行品牌服装店上班，花一大堆钱置装，导致欠了一屁股债。

他在工厂上班还清债务后，又开始憧憬都市生活。于是，他到了东京打拼，但后来还是决定回乡闯出一番事业。

然而，他无法放弃开服装店的梦想，存了七年的钱，决定开一家自己的服装店……

回想起来，我之所以开服装店，只是因为：

"我喜欢服装，所以想从事服装业的工作！"

"开一家自己的精品服装店，一定超酷的！"

"我想创立自有品牌，打出一片天！"

说穿了，只是做白日梦。

简直就是忌野清志郎[①]那首《白日梦信徒》（*Daydream Believer*）的翻版。

当然，服装圈的每个人，都梦想着开一家精品服装店。但很遗憾，我并没有针对消费者的喜好打造店面、挑选商品，说穿了只是自我满足……

---

① 忌野清志郎（1951—2009），日本摇滚乐手、作词家、作曲家、音乐制作人和演员，被称为"日本摇滚之王"。

"我一直活在自己的幻想里，不知不觉间债台高筑，伴侣也离我而去，回过神来，竟然跌入人生谷底……这到底是什么搞笑的桥段呀？"

全世界最悲惨的我，到头来，只是在演独角戏。

我恍然大悟，同时也感到不知所措。

"原来这是我自己造成的啊……原来这是我的错……"

我将自己的人生故事写成电影剧本，写着写着，终于开始客观审视自己的人生。

此外，我也发现自己从未对人生负起责任。是我将自己推入谷底，也是我不断找借口说服自己：放弃好了，别再挣扎。这一切，我必须好好面对才行。

没错，现在的局面是我造成的。

这不是其他人的错，而是我咎由自取。

老实说，这样的真相，我真的很难承受。

"那么，我希望这部电影走向什么样的完美结局呢？"

我在传单背面写下故事的后续。

有一天，他遇见一个奇怪的虐待狂宇宙先生，学会了如

何向宇宙下愿望订单。

从此之后，他的人生奇迹式好转：他还清了债务，抓住了幸福，人生也发生了大逆转！

写下来后，很奇妙地，我对债务的恐惧与不安顿时减轻了些，体内似乎涌出了一股能量。

"好……"

接着，我开始冷静思考自己的状况。

"我现在三十六岁。就算马上回去当上班族，也还不了两千万债务。说到底，我没有什么对转行有利的证书，也缺乏工作经验。话说回来，我手上也没钱创立新事业，还是想想该怎么提升现在这家店的营业额吧。"

因此，我开始审视店里面的商品。

服装业内基本上不是寄卖制，而是买断制。因此，为了不增加负债，店里绝不能囤积任何卖不出去的商品。

要进，就进卖得出去的东西；要卖，就要全部卖光。

为此，我的第一步就是舍弃全面进货，严格挑选顾客想要的商品、尺寸、颜色与图案。

厂商见状，还对我说："小池先生，您的进货方式真特别啊。"

我仔细观察顾客的喜好与购物倾向，掌握所有资讯后，我试探性地只将必要的商品摆上柜面。

渐渐地，某几季商品不再留下存货，我找到了自己独创的"卖光诀窍"。

一旦有了成果，人就会更有改变的动力，于是我开始思考：如何不花钱就能使店面变得更酷？我改变店内摆设，思考如何用低成本开发顾客想要的商品，一点一滴地在各方面进行改进。

"真的好像电影剧情。"

某夜打烊后，我边打扫边喃喃自语，此时宇宙先生说："我就说吧，只要一步一步来，就没什么好怕的啦！"

5 宇宙的提示就藏在最初的0.5秒里，懂了就赶快行动！

从那之后又过了一阵子，有一天我在看电视，宇宙先生却没头没脑地说道：

"喂，小池！我说你戴的那个是什么东西啊？"

"什么？哪个东西？这个吗？"

宇宙先生指着我右手的手环。

这是一种能量石手环，上头有虎眼石，据说能招财。

"这东西怎么了？"

"有效吗？"

"啊？"

我注视着手上闪闪发光的宝石。

这么一说我才发现，原本是听说这能量石手环能招财才戴上的，可是也没发生什么好事，债务没减少，客人也没变多。

　　"嗯……老实说，好像没什么效果。"

　　"你去查查看。"

　　"啥？"

　　"我叫你去查查看为什么没有效果！叫你做什么就做什么！我说的每句话都是重要提示！接下来你别给我想东想西！不是说0.5秒内就要抓住提示吗？快去做！动起来！"

　　"遵……遵命。"

　　当晚，我一边端详能量石手环，一边思考。

　　"那么多人戴能量石手环，真的有效吗？如果有效，为什么偏偏在我身上不起作用？"

　　我一边想着，一边打开电脑，搜寻"能量石""效果"等关键词。一查之下，有几个网站说石头就是一种能量，而石头与人之间也是要看频率的。

　　"石头与人的频率啊。"

　　我对能量石越来越有兴趣，查阅了各种书籍文献，查着查着，才知道原来有个方法叫作"O环测试法"（Bi-Digital O-Ring Test，缩写为BDORT），能测出该物质与自己合不合。

O环测试法是一名住在美国的日本医师所想出来的替代疗法，能依据身体接触药物产生的反应，了解该药物适不适合患者。

患者用右手拇指与食指比出O字（左撇子就用左手），然后将药物或食物摆在另一只手的掌心，接着由旁人拉开患者的右手拇指与食指。

如果手掌心的药物适合患者、对患者有益，旁人就无法拉开患者的拇指与食指；若不适合患者、对患者无益，手指就会被轻易拉开。依据上述反应，便能判断该药物适不适合患者。

"搞不好可以用这招来判断能量石适不适合我哦。"

于是，我搜索独自执行O环测试法的方法，然后用身上的虎眼石来测试，结果让我大失所望。

一测之下，我才发现号称能开运招财的虎眼石，居然让我的能量变弱了。

因此，我利用O环测试法寻找适合自己的宝石，也确实有几种宝石跟我的频率一致。

例如，招财石"发晶"，就是其中之一。

我运用那几种宝石重新制作能量石手环，戴上之后又试了一次O环测试法，这回能量十分强大。

"我懂了，原来选宝石不是选功效，而是选出适合自己的能量，这才是正确的能量石选购法啊。"

戴上新的能量石手环后，我体内似乎涌出了源源不绝的能量。

与其说这是能量石手环带来的力量，不如说是"我戴上了适合自己的东西"。

或许是我对手环的信心带来了能量，隔天，我妈难得打电话来。

"阿浩，刚刚银行打电话来，他们说你的银行账户一直闲置，问你要怎么处理。"

"什么？我有闲置账户？"

我完全忘光了。

"反正里面顶多几百块吧。"

我抱着这样的想法去银行一查，里头竟然有几万块钱！

当时我的存款已快见底，日子过得苦哈哈的，因此这笔意外之财可谓天降甘霖。我马上将钱取出来还债。

这小小的奇迹，还没有结束。

又过了一天，我哥来店里找我。

"你能不能帮我填写文件？"

于是我帮他写文件，写完之后他说："对了，我好像还没给你开店贺礼呢。"

说完给了我十万日元。

"啊？这是怎么回事？难道是能量石起作用了？"

我原本半信半疑，但是幸运的意外之财却接踵而至，使我的期待越来越高。

接下来，又过了几天。

一位从未接触过我的服装厂业务员，突然上门提议："能不能让我们的衣服在贵店上架？"

我请他让我先看看他们厂的衣服，竟然恰好是我想进的款式。

可是我欠了一屁股债，根本没有钱。

正不知该如何是好时，那位业务员说："款项下个月月底再给就好。您不必一次付清，先付一半就好。"

根本是佛心啊！

于是我赶紧进货，该厂商的衣服很快就卖光，因此我也顺利地支付了下个月的款项。

不仅如此，该厂商的衣服还成了我们店里的热卖商品，店里的生意蒸蒸日上，营业额也逐渐升高。

我将这些事告诉好友，他说："也帮我做一个能量石手环好吗？"于是，我做了一个送给他，他也得到了意外之财。他告诉朋友，果然对方也发生了好事……能量石手环的订单，就这样越来越多。

我对宇宙先生说："宇宙先生，我照着你的提示采取行动，结果好像创造了一个新世界！"

"哦？小池，你也开始觉悟啦？"

第 1 部　不可思议的宇宙法则

6 只有想中奖的人才会中奖，
　宇宙创造的奇迹永远没有限额！

有一天，电视播了世界富豪奢华特辑，只搭头等舱的贵妇、东京黄金地段的豪宅、海外别墅……这些超乎想象的生活，令我不禁叹息："日本年薪一亿日元以上的人，居然只有0.027%。"

"限额都是假的啦！"

"哇！"

说时迟那时快，宇宙先生突然冒出来，挡住我的电视。

"拜托你不要突然冒出来啊，很吓人的。"

"啥？我才吓一跳呢。那个亿万富豪比例是怎么回事？"

"就是日本年薪一亿日元以上的人只有0.027%啊。"

"得了吧，谁说的？"

"问题不是谁说的，而是我看了之后觉得成功的人只有一小撮而已。"

"因此，到底是谁说的啊？"

"这……"

"明明宇宙的'奇迹'库存多到不行，人类却在那边胡说八道。"

"宇宙先生，你生气了？"

"我能不气吗！说到底，奇迹这玩意儿有很多，根本没有限额这回事！"

"可是，我觉得还是有限额的。举个例子，企业招聘人才有人数限制，抽奖的头奖也只有一个名额啊。"

"天哪，你真的什么都不懂！不管是招聘人数或是头奖数量，只要你这个人能被录用或中奖，限额一名就够啦！你以为名额增加到十个人或一百个人，你被录用或中奖的概率就能提高吗？"

"当然了。一亿分之一跟一亿分之一百，差很多吧？招生名额也一样啊，跟一个名额比起来，四十个名额的上榜率比较高吧?"

"那是因为你没有想好结果啊。只要你一个人中奖,只要你一个人上榜,那就够了。一旦你想好结果,不管是一个名额或五十个名额,都没有关系。"

"只要想好结果,就一定能顺利成真吗?"

"当然啦,我不是说过好几次了吗?无论是年薪一亿或是环游世界一周,只要好好下订单,全世界所有人许的愿望都能实现。说穿了,每个人都自由创造着自己的宇宙,所以订单是没有数量限制的。"

"如果奇迹真的库存过剩,拜托你多在几个人身上创造奇迹啦。我也想要年薪一亿……"

"好啊。"

"啥?"

"只要下订单就行啦。想好结果,然后下订单。**宇宙总是使命必达,但人类却喜欢一边抱怨'许愿根本没什么用',然后又说'我就知道行不通',向宇宙下负面订单!**人类总是对宇宙疑神疑鬼,难道就不能无条件相信一次,试着说声'说不定真的有奇迹'吗?又不会少一块肉,干吗那么

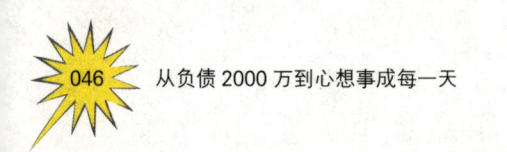

嘴硬，死都不相信奇迹，我真的不懂！"

那一天的宇宙先生似乎比平常更生气了，气着气着，就睡着了。

7 说五万次"谢谢",
换来惊人的"震撼体验"

"宇宙没有限额,要多少奇迹,就有多少奇迹。"

如果这是真的……

好,我决定向宇宙先生提出一个问题。

"能不能提示我,怎样才能早点把债还清?"

正在睡午觉的宇宙先生慵懒地睁开眼睛,给了我一句话。

"闭嘴!我在睡午觉呢!"

宇宙先生连看都不看我一眼。

"告诉我又不会少一块肉!你不就是为了帮我,才来找

我的吗?"

"不要吵醒我!你这个死小池!"

宇宙先生气呼呼地将四周的东西乱扔乱砸,然后说:"哎呀,这儿也太乱了吧。小池,东西要收拾干净啊。"接着他抱住抱枕,开始打鼾。

没办法,我只好摸摸鼻子收拾残局,不料……

"咦?这是……"

地上有一本我半年前买的书。

当时已债台高筑的我，抱着死马当活马医的心情踏入书店，拿起那本书。我试着阅读，但那时的我，却怎么都读不下去。

我硬着头皮继续读，最后的结论是：这本书蠢死了！

因为，那本书写着："只要说出五万次谢谢，就能改变人生。"

"说五万次谢谢？如果这么简单就能改变人生，大家还这么辛苦干吗？"

"买这本书真是浪费钱……"

我将那本书丢在房间角落，半年后，我连买过这本书都忘了。

我一页一页地翻阅，半年前还看不懂的句子，如今却如大浪般冲进我脑中，真令人难以置信。

我读得欲罢不能，无法想象它是半年前我读不下去的那本书。

"说五万次谢谢吗？"

我的眼神，或许也跟半年前截然不同。

宇宙先生睁开一只眼睛，不耐烦地说："反正你很闲，那就去做啊。"

"没错，反正客人又不上门，我也无事可做。既然如此，不如说说看吧。"

从那天起，我开始疯狂地说"谢谢"。从开店到打烊，客人不在时，我一直不断地喃喃说着："谢谢。"

我不假思索，对任何事物都一律道谢。每说十次就折一根手指，每说一百次，就在笔记本上写"正"字。

一天之内，我说了七千次谢谢。

大约一个半月后，有一天，那一刻突然到来了。

我的脑中闪现一幕影像，出现了就像米粒的谷壳的东西①。这种感觉，就像我的心坎、我的心灵中央的谷壳开始剥落，露出皓白如雪的物体。

"啥？米粒？"

"你说谁是米粒？臭小池！"

震撼！

这个场面给我强烈的震撼，只见正中央那东西，金光闪闪、瑞气千条，竟然是……

---

① 谷粒外面那层干燥的鳞状保护壳。

咦，是宇宙先生？

这一刻，**我明白自己确实跟宇宙联结在了一起。**

该怎么说呢？我首度感觉到，自己体内的灵魂、本质、根源确实跟宇宙联结在一起了。

从那时起，无论是衣服还是手环，都卖得比从前更好。

"谢谢"这两个字具有魔力。

这种体验是假不了的。

只是，这个系统简单到令我失望，于是我询问宇宙先生。

"既然只要说'谢谢'就能改变人生，那应该每个人都能得到幸福吧？总觉得有点没劲儿呢。"

"我说你啊，还嫌没劲儿呢，你干吗现在才做？"

"没有啦，因为说'谢谢'实在太简单了，我没想到这样就能改变人生啊。"

"啥？如果有那么简单，宇宙应该很忙，每天的奇迹应该多到不行啊！我问你，你身边有几个能每天不断地说'谢谢'的人？"

"一……一……一个都没有。"

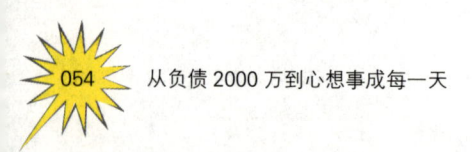

"就是因为没人肯做，才叫作奇迹口头禅啊。"

"……"

"小池，像你这种不仅忘了我，连潜意识的管子都堵塞变细的人，就必须相信'谢谢'的力量，说上几千几万次，才能把管子清干净啊。"

"潜意识？清干净？"

宇宙级大师
宇宙先生的第三课

超神的"谢谢口头禅",一天要说上五百次!

听好了,小池,人类的意识,是跟宇宙联结在一起的。

显意识是人类小脑袋瓜里的微小意识,人类平时运用它来思考、判断事物。

比显意识更深层的潜意识,其容量比显意识大很多。

然而,假如经年累月对自己发出负面讯息,负面能量就会流进传递宇宙愿望订单的输送管,导致它残破不堪。

久而久之,订单输送管将会变得越来越细,向宇宙下订单也会越来越难。

小池的潜意识也被他发出的自虐讯息弄得稀巴烂,订单

```
┌─────────────┐
│   显意识    │
└──────┬──────┘
       ▼
    (潜意识)
       ▼
   (宇宙心理
      (真理))
```

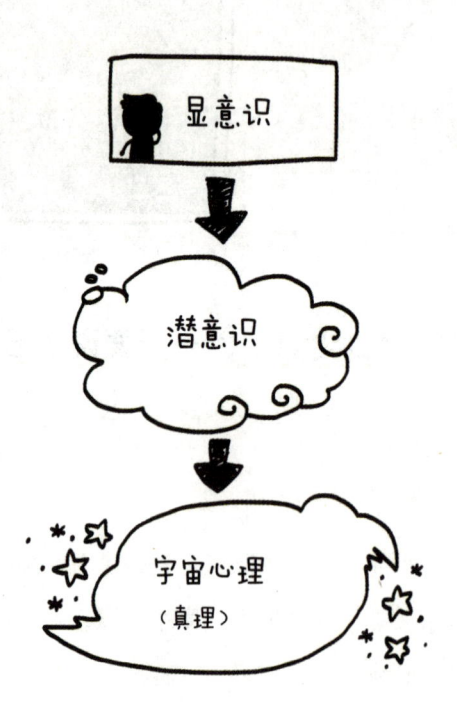

输送管里累积了一堆烂泥。

只要人还活着，累积一堆烂泥的管子就不会完全堵塞，而是留着针孔般的通道。人活着就是这么回事。

因此，订单还能送得出去，只是送到宇宙的速度会变慢，也送不出太多订单。

此外，堵塞的输送管，很难接收到宇宙提示。

什么意思呢？就是好不容易想好结果，下了订单，却迟迟收不到实现订单的提示。

然后，人类就会抱怨："好不容易下订单了，却根本收不到提示。"然后放弃。人类就是这种爱放弃、爱找借口的受虐狂。

如果想让宇宙订单正常送达，必须使潜意识恢复到正常状态，先前说了多少句负面词汇，就必须用多少句"谢谢"这类的好话来中和。

"谢谢"这两个字具有魔力，能将累积在你身心的负面能量转化为正面能量。

一旦中和负面能量，满溢正面能量，订单输送管畅通，你就能感觉到自己连上了宇宙。

如果说五万次谢谢就能改变人生，那不就满地都是幸福的人了？

是啊，可是没人肯说啊，小池！

8 扭转人生的秘密：与潜意识心心相印的诀窍

"谢谢、谢谢、谢谢、谢谢。"

从那之后，每天但凡客人不在时、洗澡时、睡觉前，我都不断说着"谢谢"。

有一天，宇宙先生突然冒出来说：

"我说你啊，真的很不懂得举一反三。"

"举一反三？"

"试试看在'谢谢'后面加上'我爱你'，会发生有趣的事哦。"

语毕，宇宙先生带着坏笑消失在泉水中。

从那天起，我开始在"谢谢"后面加上"我爱你"。

每天说着说着，我灵光一闪，想到一个好法子。

走路时，踏出左脚时就说"谢谢"，踏出右脚时就说"我爱你"，养成习惯后，就能配合身体的律动轻松说出口了。

约莫一个月后，我做了一个奇妙的梦。

我不断对着另一个我说"谢谢""我爱你"。

他抱膝而坐，背对着我。

"谢谢，我爱你。"我一直说着。

可是，抱膝而坐的我却一直说："我才不信呢。"我不放弃，继续说着"谢谢，我爱你"。

"谁叫你以前都不理我。"他说。

我不屈不挠，继续说"谢谢，我爱你"。说着说着，他终于抬起头，转过身来。

"真的吗？这次是认真的吗？"

我没有回话，只是一直说着"谢谢，我爱你"。

"真的？真的吗？真的吗？"

至今从不看我一眼的他，双眼发亮，注视着我。

我又继续说"谢谢，我爱你"，只见另一个我忽然开始啜泣。

"我……我也爱你啊!"

抱膝而坐的我哭着说出口,两个我就这样奔向彼此,互相拥抱。

"我也是啊!对不起,以前都不理你!对不起,我不应该拒绝相信所有可能!谢谢!我爱你啊!"

"呜,呜……我一直希望你说出口!我等了好久啊!谢谢!我爱你!"

做了这么一个怪梦,不知为何,我醒来后却觉得心情非常平静。那天慢跑时,我一边跑步,一边对眼中的所有事物说着"谢谢""我爱你"。

当然,旁边有人时,我就在心里默念。要是说出口,路人一定会以为我脑袋有问题。

"小鸟,谢谢,今天我也爱你哦!"

宇宙先生看着边跑边念念有词的我,贼贼一笑。

"小子,你昨天做了什么梦?"

"我梦见自己不断说着'我爱你',然后另一个我就相

信我了。这代表什么含义？"

"这才不是梦呢。**是你的潜意识跟显意识在交谈。**当你清醒的时候，显意识掌控着你的思考，所以无法跟潜意识自由对话。"

"潜意识跟显意识的对话？"

"没错，'我爱你'的力量能联结潜意识与显意识。以前的你，是不是只对自己说负面信息，还骂自己是废物？"

"我……我没骂过自己是废物啊……"

"'客人都不来''还不了钱''反正我就是没用'……这些话不就等于说自己是废物吗？说出这些话的显意识的你，是表层的小池，薄得跟纸一样，厚度只有六万分之一。"

"六万分之一？"

"对，表层的显意识，能量只有潜意识的六万分之一。可是，毕竟语言具有强大的力量，显意识撂下的话，害你的潜意识忧郁到不行。"

"潜意识变忧郁？"

"对，就是心理学常说的'创伤'。因为你对自己不断进行言语霸凌，心灵当然会受创啊。可是，每当你说了一次'谢谢'，从前你对自己所说的负面话语就会逐一消失。这么一来，从前那个阴沉的、家里蹲的潜意识就会逐渐打起精神，开始信任你。然后，当你说'谢谢'的次数超越累积至今的负面信息时，潜意识跟显意识就会合二为一，组成一对契合的搭档。小池，你不是用'谢谢'把订单输送管清干净了吗？你所说的'我爱你'，终于让潜意识跟显意识心心相印了。现在你觉得怎么样？"

　　"这个嘛，总觉得，心里好像变得非常踏实。"

　　"潜意识甩开了忧郁，干得好！小池，这下子，你下订单的能力增强了六万倍。"

　　语毕，宇宙先生翻了个筋斗，眼神似乎比平常温和许多。

　　"喂，这都是我的功劳。还不快感谢我？"

　　不过，他依然是个虐待狂。

9 宇宙先生倾囊相授——使下订单能力增强六万倍的"小小奇迹游戏"

"好,既然你下订单的能力增强了六万倍,该来特训啦!小池!"

"什么?特……特训?"

"没错!因为你是个扫把星!"

"扫把星……"

"长得像扫把!个性也扫把!不过,我有办法救你。最好的方法,就是亲身体验下订单能力增强六万倍的威力。"

"该怎么做呢?"

"你就随便下个订单吧!什么都可以!"

"啊?随便下订单?太突然了。"

"好,那你喜欢什么颜色?"

"嗯……大概是黄色吧。"

"那,喜欢的数字呢?"

"嗯……1。"

"喜欢什么车?"

"大概是甲壳虫(Beetle)吧。"

"好,这就是你的订单。出门吧。"

"啥?"

我一头雾水地跟宇宙先生出门,来到街上。

我开着车,一路驶向仙台的闹区,此时……

"喂!小池!你眼睛瞎了是不是!"

"啥?干吗这么激动。"

"看前面!"

"前面?我在看啊。"

"不是!前面的车!"

"啊!甲壳虫!"

"不止这样哦!"

"啊!车牌是1111!"

"车子是什么颜色?"

"黄……是黄色……这是怎么回事?太神奇了吧!"

"因为我帮你把订单送出去啦!还不快谢我!"

"谢……谢谢宇宙先生!"

这一天,发生了各种小小的奇迹。

我跟穿着黄色衣服的人擦肩而过,看看手表,竟是11点11分。

朋友找我小酌，店名竟然是"Beetle"，店里有黄色的甲壳虫车模型。

"原来如此，只要下订单，那些东西就会出现在眼前啊。"

从那之后，我接受宇宙先生的特训，每天实现各种小订单，换句话说，就是累积成功经验。

"说不定我真的能把债还清。"

尽管毫无根据，我的脑中还是冒出这个念头。这全都是因为见识到了六万倍的下订单能力。

市面上的自我启发书，无不教导读者将说出来的话、脑中的想法化为现实……我亲身体验、不断练习，期待学会这项能力。

10 能超越"延迟"的人，才能实现愿望！

我现在整个人神清气爽，比刚遇见宇宙先生时好多了。但是，本金两千万还在，除了银行，我也向好几家高利贷借了钱，看来必须严格执行十年计划才行。

国金[1]、银行、消费信贷、地下钱庄……我四处欠钱，光是还债，一个月最多得付出四十万左右。此外，还有进货成本、店租、房租、生活费……我的生活还是一样苦哈哈。

---

[1] 全名"国民生活金融公库"，是日本政府专为中小企业主提供经济辅助的国营金融机构。

有一天，我在宇宙先生面前嘀咕：

"如果什么订单都能实现，假如我下了'债务马上消失'的订单，债务就会消失吗？"

"……走，去吃排骨饭。"

"什么？"

宇宙先生突然提议吃排骨饭，于是我们来到排骨饭连锁店。

"小哥！我要点餐！排骨饭十份！"

"啥？你在胡说什么啊！哪吃得了那么多？付钱的人可是我。"

"你闭嘴，乖乖看就对了！小哥！啊……他看不见我。喂，小池，去点十份排骨饭！"

"我才不要呢。"

"叫你点就去点！你不是说只要是我的提示，什么都照做吗？"

我心不甘情不愿地在众人狐疑的目光下点了餐，过了半响，排骨饭来了。

店员一副遇到怪人的样子，但也没办法。

至于宇宙先生,脸上则露出"中计啦!"的贼笑。

"我想吃凉面。"

"那你就先吃完排骨饭!"

"咦?不是你自己想吃的吗?而且为什么要先吃完排骨饭?"

"因为如果你不吃完这些,凉面就不会上桌啊!"

"这不是废话吗!是你叫我点十份排骨饭的吧!"

"没错!是废话!你的订单就跟这些排骨饭一样!因为你多年来向宇宙订了不少霉运,所以你的霉运全部上门啦!而现在,你终于想点凉面了。可是,你至今所点的排骨饭不可能马上消失换成凉面,因为有延迟(Time Lag)!"

"<u>延迟?</u>"

072 从负债 2000 万到心想事成每一天

> 宇宙级大师
> 宇宙先生的第四课

高喊"太好了,延迟来啦!",打败"怎么可能那么顺利?"

我前面说过,宇宙会增强你的口头禅能量,实现你的愿望。口头禅,是当事人的潜意识所深信的"根基",所以才会不经意间脱口而出。

"没有钱"是根基。
"有钱"也是根基。

这些心的根基全都变成了订单,直接传送给宇宙——你订什么，就得到什么。

换句话说，小池信什么，就会导致他遇见什么样的人、事、物。

小池在此之前，向宇宙订了无数的"我还不了债""我就是没用""我的人生完蛋了"。

订了多少次？嗯，这个嘛，算成五万次好了。

"没有钱"，是小池到目前为止的根基。换句话说，就是他所点的排骨饭。

现在，他想用口头禅将根基改成"有钱"。对，就是他想点的凉面。

小池宣告要"还清债务，得到幸福"，头脑简单的他以为只要下了订单，凉面就会立刻上桌，但前面那一大堆排骨饭怎么可能说消失就消失？

养成新的口头禅，使小池的潜意识接受新的根基，是需要时间的。

因此会发生延迟、停滞和修正。

以前的订单逐一实现的同时，状况也在不断变化；直到旧订单跟新订单的交接点到来，新订单才会开始实现。

所以，很多人会在这段时间半途而废。

反过来说，那就是决胜的关键时刻。

若是输给延迟，说出"反正凉面也不会上桌，我不要了"这种话，你觉得会有什么下场？

好不容易轮到凉面的订单，这下子又被你打回去，变成排骨饭了。"反正我只吃得到排骨饭！"假如这时又重点排骨饭，你就算等到天荒地老，也只能吃到排骨饭。

不过，若是此时能坚持到底，深信"只要吃完排骨饭，凉面就会上桌"，排骨饭出餐完毕后，上桌的一定是凉面。

乖乖养成新的口头禅、改写心之根基的人，桌上会同时出现排骨饭跟凉面，不久，就能只吃凉面了。

这就是宇宙的真理。

就算小池许愿"希望债务马上归零"，也一定会发生延迟。

小池必须遵守一件事，那就是：想象还清债务后的美好人生，相信"既然下订单了，总有一天会实现。实现的日子越来越近了"，然后等待延迟结束。

换句话说，就是一边想象凉面，一边开心地吃下排骨饭。

11 下订单后所发生的一切，
都是宇宙精心安排的

了解了延迟的原理后，我每天持续工作、减少债务，相信自己总有一天会得到幸福。

有一天，宇宙先生突然撂下一句话：

"小池，你体力好差哦……给我去跑步！"

从那天起，我每天早上五点就起床慢跑，但是我完全不懂，这究竟对还债有什么帮助。

某个冬日清晨，我输给寒冷与睡意，迟迟无法离开被窝。

"一天不慢跑不会怎么样。昨天很晚才睡，而且今天好冷，出门跑步会感冒的。"

我嘟囔道。

"喂!小池!臭小子,敢偷懒翘掉慢跑试试看,我讲的话你当耳旁风?"

"啊啊啊啊,对……对不起,对不起。我跑,我跑。"

我吓得从床上弹起来,赶紧换上运动服,刷牙洗脸,准备出门。

我步履拖沓地走出出租屋,有气无力地跑起来。

"我说你啊,跑得那么心不甘情不愿,好运都快被你赶跑啦。"

"呃,不是的,我也知道清晨慢跑对身体很好啊。可是,清晨慢跑应该是多数人'最容易半途而废的项目前三名'吧?又不是慢跑就能还完两千万债款。"

睡意与寒意消磨着我的耐心。

"喂!这就是你的问题啊!"宇宙先生说。

"怪我咯,天气这么冷,你却一大早就叫我起来慢跑!"

"臭小子,敢跟我顶嘴!有种再说一次看看!"

我稍微清醒了点。

"啊，没有啦，那个，那你说嘛，慢跑就能还清债务吗？早上跑步又怎么样，债务又不会少一块钱。"

"你在说什么啊？**就是要跑步，债务才会减少啊。**"

"为……为什么？"

"所以我说你没脑子嘛。你已经下了还债的订单了！**因此，你做的每件事，都会让债务变少。**"

"我做的每件事？"

"对，每件事。"

"踩到狗大便也算？"

"我说是就是，你怀疑我吗？**下订单后发生的一切，都是宇宙精心安排的，每件事都与实现订单有关！**真是听不懂人话。等我一下！"

宇宙先生潜入泉水中，一如往常地抱着黑板现身。他将黑板摆在清晨的人行道中央，将他的朋克头拨成三七分，娓娓道来。

（不管在哪里讲解，宇宙先生都是这套排场呢……）

> 宇宙级大师
> 宇宙先生的第五课

对每件发生的事说出"联结口头禅":"赞!我的愿望要实现了!"

当你向宇宙许下愿望订单时,接下订单的宇宙马上就会开始执行,而且许愿者本人也能亲眼见证。

"啊?可是,我许愿希望今年年薪千万,但还是一点儿收入都没有啊。"

"我的真命天子还是没有出现呀。"

你们是不是这么想?

没错,你所订的东西还没有送达。

但是,下订单后所发生的一切,都与实现订单有关联。

在咖啡厅点饮料或是在网上购物后,幕后总有人负责泡咖啡,网络店家也会出货,物流则负责送货。

如果想知道状况如何,只要朝厨房瞄一眼、到购物网站查询配送进度就好,对吧?

而你的人生,也发生了类似的事情:

- 偶然遇见老朋友
- 受到主管表扬

无论是上述的好事,或是:

- 被公司炒鱿鱼
- 被男朋友甩掉

这些看似倒霉透顶的事情,一切都是宇宙的安排。

"因为这家公司没办法给你千万年薪。"

"因为跟这个男人在一起不会幸福。"

宇宙无所不知，所以才会这样做。

追根究底，小池这区区三十多年得到的经验和知识，简直跟鼻屎没两样，怎么好意思跟全知全能的宇宙相比！

宇宙有无数种超乎想象的高超智慧与妙招，也有数不清的能实现你愿望的途径。

到底会发生什么事？这些事情又如何对目标产生影响？

这些由宇宙思考就好，人类不需要胡思乱想。

那么，人类能做什么呢？

那就是**接受宇宙呈现的剧情，积极行动，尽量活用语言之力，加强下订单的能量。**

该如何加强下订单的能量呢？

首先，最重要的就是展现你对宇宙之力的信心。

"这种事有意义吗？"不要用这种肤浅的显意识思考，动不动就停下脚步！

我叫你跑，你就给我跑！

接着，对于今后发生的每件事，你都必须这么说！

"赞！我的愿望要实现了！"

对宇宙下订单后，对于往后发生的任何事，都必须说出这句"**联结口头禅**。"

重点就是，无论遇上什么事都不例外。没错，即使被男女朋友甩掉、店突然倒闭了、事业失败、发生意想不到的倒霉事，都必须由衷地信任宇宙，说出："赞！我的愿望要实现了！"

理由很简单。

宇宙非常戏剧化，心思也非常细腻。

而且经常测试下订单者的诚意。

假如下订单者说：

"我明明下订单了，怎么还发生这种事？！"

那么，会发生什么事呢？你对宇宙的强烈质疑会传达给宇宙，不信任订单的强烈意识也会传达出去。此外，你还会不自觉地说出这种话：

"我没救了！"

"到头来，我还是还不了债。"

"我没救了""我还不了债"……这类订单会越积越多，导致一连串的倒霉事找上门。

相反，若是你能诚心地不断说出："赞！我的愿望要实现了！"每说一次，就等于再下一次订单，订单的能量将变得越来越强，实现的速度也会越来越快。

因为，宇宙想为相信它、爱它的人实现愿望。

所有的能量都来自"信任"，有信任，才能发挥能量。

因此，若你能承认宇宙存在，相信它、爱它，任何愿望都能轻易实现。

第 1 部　不可思议的宇宙法则　085

12 怎样才能打动人心？朝他的眉心送出"独门光波"！

从那天起，我变得超级热爱晨跑，再也不怕早起了。

很奇妙的，无论是为了慢跑而早起时，或是跑完回家时，光是说了"赞！我的愿望要实现了！"我就觉得：这天一定会发生什么好事。

此外，如果当天店里生意很好，我会说："啊，这都是慢跑的功劳！赞！我的愿望要实现了！"

如果店里生意不好，我会说："这都是慢跑的功劳！今天我可以说七千次'谢谢'了。赞！我的愿望要实现了！"

不仅如此，我开始能自然地说出："宇宙，真的谢谢你！"很奇妙地，我开始觉得生活中发生的每件事，都是引导我达成愿望的助力。

自从向宇宙许愿还债之后,已经过了三年。

我学会用好心情面对生活。

当然,我还在还债,有时也会觉得沮丧。但是,我再也不会去想自己是"全宇宙最不幸的人"了。

有一天,一个老朋友到店里找我。

"有个便宜的好店面,要不要一起租?我用二楼,一楼就给你用吧。"

当时我租的店面是大楼的其中一户,客人不方便进出。相较之下,新店面正对大马路,更适合做生意。而且,我也正好要整理新店面,简直是千载难逢的好机会。

我一边说着"赞!我的愿望要实现了!"(已经快养成口头禅了),一边着手准备搬迁店面的事情。

不料,转移、整理新店面需要资金,但我借了高利贷,没有银行愿意让我追加贷款。

我垂头丧气地从银行回家,宇宙先生说:"怎么啦,小池,瞧你一脸穷到要被鬼抓走的样子。"

我看也不看宇宙先生一眼,径自从冰箱取出气泡酒,边喝边嘀咕:"嗯,我看换店面是没希望了。"

"你刚刚是不是说'没希望'?你是在跟我下订单吗?"

宇宙先生恶狠狠地瞪着我。

"没,没有,我没说。我只是在想,有没有办法追加贷款呢?"

"什么嘛,这还不简单。"

"才怪,一点儿都不简单。"

"你刚刚是不是说'不简单'?你是在跟我下订单吗?"

"不不不不不,不是啦!说真的,我是要向银行借钱的,而且已经背一堆贷款了。哪有那么简单呀。"

"真拿你没办法。"

语毕,宇宙先生在空中翻了一圈,换成活像电影《布鲁斯兄弟》(The Blues Brothers)①的黑西装跟墨镜,而且手

---

① 1980年的美国音乐喜剧片。

上竟然握着一把巴祖卡（Bazooka）。①

"等一下，你该不会是想要我抢银行吧！"

"白痴啊。**我爱你光波，可以解决绝大部分的问题！**"

宇宙先生将枪口指着我，嚣张地对我摆造型，表情比平常还让人讨厌。

---

① 巴祖卡（Bazooka）是第二次世界大战中美国陆军使用的单兵肩扛式火箭弹发射器的绰号。

"啥？"

"我之前不是说过，'我爱你'三个字具有魔力，能使你跟内心的自己心心相印吗？这对其他人也有效。你去银行后，先对银行工作人员说出'我爱你光波'，然后把我爱你光波射向他的额头！对准眉心哦！"

"……"

"你看起来一脸不相信的样子！"

"哎呀，别乱开玩笑啦。到时我一定会被轰出去的。"

"啥？受不了……人类这种生物，真是不懂爱的可贵。好，在心里默念也无所谓，你就朝着对方的额头默念'我爱你光波'，懂吗？"

"拜托你不要闹了。即使做那种蠢事，贷款申请也不会过。"

"你刚刚是不是说'贷款申请不会过'？你在向我下订单吗？"

"没有没有！好啦，我照做就是了！"

几天后，我造访银行，心里七上八下。

（真的要使出那一招吗？……）

"久等了,您要谈贷款吗?"

"是的。"

"这边请。"

我跟着业务员往前走,说时迟那时快,突然有人从后面用力踢了我一脚!

"怎……怎么了？"

"没事，对不起！我不小心绊倒了。"

"快点！小池！趁现在！"

我重新面向业务员，说道："承蒙您关照，敝姓小池。今天还请您多多指教。"

然后，我在内心大声呼喊：

"我爱你光波！"

"我爱你光波！"

"我爱你光波！"

"不瞒您说，业务员换人了。由于目前没有人了解之前的详情，所以由我来为您服务。"

在那之后的几个星期，业务员亲自来察看制造T恤的机器，并诚恳地倾听我的需求。经过面谈与提交数份文件，我成功地向银行申请到了贷款。

业务员换人自然是一件很幸运的事情，但我认为申请贷款成功，主要归功于我与业务员之间的信任感。

第 1 部　不可思议的宇宙法则　093

13 别担心!宇宙的三项法则会助你实现你的愿望

宇宙先生教导我三项达成愿望的法则:

想好结果再下订单;
遵从宇宙先生所给予的提示;
将宇宙先生教导的口头禅挂在嘴上。

我逐渐了解这些法则的意义并身体力行。此后,我对实现愿望越来越有信心,也愿意为了还钱做出任何努力。

有一天,我参加一场座谈会,讲师要我们写出"不想做的事情",于是我写了:

一、不想招呼客人；

二、不想推销；

三、不想有库存。

这些"不想做的事情"都是服装店店员该做的事，别人看了一定会吐槽："那你干吗开服装店？"

几天后，我在店里扫地，宇宙先生突然冒出来，撂下一句话：

"哎，小池，不想干的话就把店关了吧。"

"也对，干脆关了吧，……嗯，唉？！"

我被自己的回答吓了一跳。

毕竟，当时我赖以为生的收入，百分之五十来自服装店，百分之四十来自能量石手环，其余则来自早上在超市兼职理货。为了还债，当然得开源节流，如果割舍服装店的重要收入，无疑是一大赌注。

然而，当时我每天都对来买能量石手环的客人说："宇宙的提示真的很厉害哦。"这项提示，我实在无法置之不理。

我把心一横，打电话给中介，告诉他："我的服装店只做到这一季。"

短短几小时后,妙事开始接踵而来。

我不再进衣服,所以只剩下整理库存。服饰的销量越来越低,而能量石手环的销量则节节高升。

此外,当时的我还有点沉浸在不幸的氛围中,因此暗自觉得早上在超市打工的自己"不惜牺牲睡眠,一大早起来打工还债,真是了不起"。某天早上,我正要去超市打工时,宇宙先生说:"不能靠本行吃饭的人啊,超级没用。"

"啊?!"

"这还用说吗?一流的专业人才,哪里需要去外面打工啊?"

"……"

"你这小子,该不会真的以为自己这样很帅吧?"

"……"

"无法靠专业技能喂饱自己,就是两个字——差劲!"

"不要!我才不要做差劲的人!我才不是废物呢!我要靠想做的事情喂饱自己!我要喂饱自己!"

"OK,订单下得好!"

回顾以往，早上在超市理货这份工作已持续了八年。虽然我只是兼职，但也负责帮部门排班，算是资深员工。有些同事舍不得我走，我心里也万般不舍，但最后我还是辞职了。这一辞，我才惊觉一件事：很奇妙地，我撇开了担心无法生活与还债的忧虑。久而久之，销售能量石手环的收入，已足够支付我的日常开销。

14 宇宙先生教你打败许愿新手的程咬金——"梦想杀手"!

就这样,我关掉多年经营的服装店,辞掉辛苦维持多年的兼职,全身心投入经营能量石手环专卖店。或许有人会觉得"为了逃避债务,这个人开始迷信怪力乱神了"。

当初毅然决定关店时,我的脑中也闪过一丝疑惑,心想:"这样真的好吗?"而我的亲朋好友,也提出许多疑问。

"你不觉得很对不起支持你至今的老顾客吗?"

"想靠卖能量石手环维生?你太天真了吧。"有些人直接给予忠告。

"哎,听说那家店不卖衣服,开始卖起奇怪的手环了。"也有人告诉我,外头传出了什么样的流言。

就算卖能量石手环足以支付我的开销，这些话语还是有点打击我的信心。最令我沮丧的，就是多年老友说："不是说好要靠服装店发光发热吗？变心啦？你放弃啦？真可惜！我好失望啊！原来你的志气只有这么点啊。"

　　那天我无力反驳，只能闷闷不乐地独自回家疗伤。才一到家，一股悲愤交加的情绪涌上心头。

　　"可恶！"

　　我将怒气发泄在沙发上的抱枕上，用力踢了它一脚。此时，宇宙先生出现了。

　　"干吗？小池，你今天脸色不太好。"

　　"我也是有脾气的好吗！'我好失望啊！原来你的志气只有这么点啊！'谁想听这种话啊！"

　　"哦？我知道了，那就表示**你也是这么想的嘛**。"

　　"啥？"

　　"啥什么啥！忘记自己在跟谁说话了是吧？我的意思是，你最近听到的那些关于关掉服装店的批评或忠告，全都是你的心声。"

　　"什么？！这怎么可能啊！"

"好，那你干吗难过？如果你自己没那种想法，顶多就是觉得'管他的，别人怎么想是他的事'吧。**追根究底，如果你没有那种想法，根本不会有人特地说给你听。**因为你所遇到的每一件事，全都来自你内心的能量啊。"

"嗯，可是……"

"可是什么？！小池，你真是不见棺材不掉泪啊！快给我戒掉'借口口头禅'！我问你，为什么你无力反驳？为什么那么在意那些话？难道不是因为他说中你的痛处吗？"

"……"

"你听好了，那些家伙是梦想杀手。"

"梦想杀手？"

"许愿新手一定会遇到这种人。听好了，若是梦想杀手冒出来，你就当作是一场考验吧。"

> 宇宙级大师
> 宇宙先生的第六课

那些酸言酸语，其实代表你内心的恐惧！

人类是一种极端讨厌变化的生物。

不幸的人，内心深处其实觉得凄惨的生活最合意；反之，幸福的人则巴不得一辈子都幸福。

这是一种生存本能，因为大脑中枢（脑干）判断，管他幸或不幸，熟悉的状况永远最有利于生存。

换句话说，这就是心的根基。

这种根基是很棘手的。

一旦过惯惨日子的人决定"要得到幸福"，向宇宙下订单，身上也开始发生好事，此时一定会冒出程咬金，意图将他推回以前的惨日子。

就算发生好事，当事者也会觉得好运无法维持。

这就是梦想杀手！

你就当作这是上天赋予潜意识的考验吧。

很多许愿新手从前成天订制不幸，有一天负责思考的显意识突然订了超级幸福方案，潜意识不吓死才怪。

梦想杀手会将许愿者本人潜意识中的躁动不安具象化，这是一个很大的提示。

以小池的状况而言，脱离熟悉的环境的小池（准确说来，是小池的潜意识）还无法适应变化，因此对现状感到不安。

而其他人，则揭示了这份不安。

"以人为镜，可以明得失"就是这个道理。

他人，就是反映出你潜意识的镜子。

人类的口头禅具有能量，这股能量会影响他人对你说的话，以及对待你的方式。

因为，宇宙心理（真理）将所有人类的意识都联结起来了。

"这样真的好吗？"你的忧虑会借宇宙增强，引来一堆指责你的人。

梦想杀手，就是潜意识忧虑的具象化。

他人说的话语令小池生气、难过、负面情绪爆发，是因为小池内心也有同样的想法。

那么，到底该如何战胜梦想杀手呢？

很简单。

你从前只点两百日元的泡面，如今突然点了三千日元的牛排，因此潜意识开始担心：

"没问题吧？这样真的好吗？愿望要实现了，真的好吗？"

此时，只要大声说"YES！"，对自己的订单充满信心就好。

接着，再对自己传达百分之百的爱与信任，对自己重新下订单。

"我已经准备好迎接巨大变化，接纳幸福了！因此，我要点牛排！我要成为吃得起牛排的人！"

这么一来，那些乌鸦嘴就会闭嘴了，试试看吧！

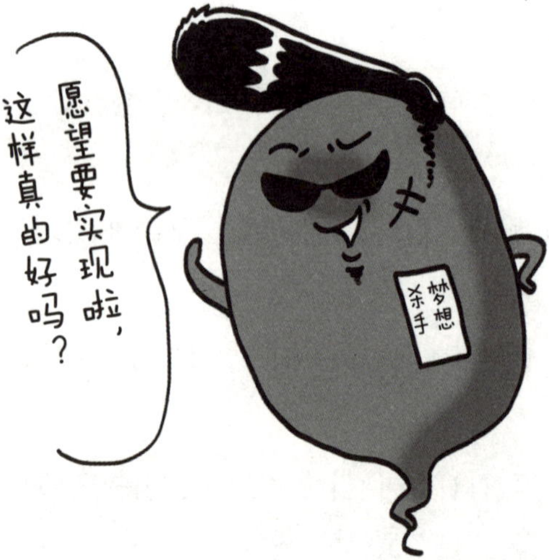
愿望要实现啦，
这样真的好吗？
梦想杀手

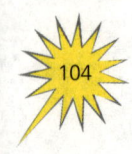

15 首先,你要当自己的靠山!

"梦想杀手就是我自己……"

"你遵从宇宙的提示关了服装店,其实内心深处觉得有点可惜吧?"

"毕竟开服装店是我多年的梦想嘛。"

"为什么?"

"因为,嗯……,服装店很酷啊。"

"谁觉得酷?"

"谁觉得酷?……嗯,大概是周遭的人吧。"

"换句话说,你觉得服装店很酷所以想开服装店,其实只是渴望被人关注、被爱、被重视,想成为特别的人而已。"

"被你这么一说，我觉得好丢脸啊。"

"没错，你就是个丢人现眼的家伙。真是丢脸丢到家了。我也讲解过很多次宇宙的订单系统，'渴望被人关注、被爱、被重视，想成为特别的人'，你觉得这些订单的核心是什么？"

"嗯，'做梦口头禅'订单，会使这种状态一直持续下去。"

"一点儿也没错！你就是因为想着'服装店很酷，所以想开服装店'，才会一直都不酷。看看你自己，为了追梦而欠下两千多万的债，这到底哪里酷？你说啊？"

"……嗯，一点儿都不酷。"

"我就说嘛。话说回来，人类是一种不喜欢变化的生物。你突然开了间能量石手环专卖店，导致潜意识退缩了。"

"我的潜意识退缩了？"

"对。虽然现在你跟**潜意识**破镜重圆了，但它实在被虐怕了，所以你的潜意识变得有点脆弱敏感。"

"这样啊。那我该怎么做呢？"

"首先，你要对自己做的事情有信心，要感到自豪。你觉得能量石手环店怎么样？"

"这个嘛……衣服跟手环都是能带给客人幸福的商品，所以我觉得两边都很好。"

"换句话说，你现在完全没有一丁点儿'希望大家觉得我开手环店很酷'的想法了吧？"

"我想想……硬要说的话，我只希望大家幸福快乐就好，实际上，我觉得大家都过得很快乐。"

"就是这样！就是这样！你跟从前根本判若两人。你决定还清债务，得到幸福。我在课堂上说过，人类是能量的集合体。宇宙联结了万事万物。宇宙无法分辨地球上每个个体的能量。你对自己好，就等于对别人好；你对自己说好话，就等于对别人说好话。因此，让自己过得幸福，周遭的人也会变得幸福。周遭的人都幸福，你自己也会感到幸福。你现在踏出了那一步。自己做的事情，就由自己来肯定。如果你不能衷心相信自己、当自己的靠山，潜意识又该如何相信你、对你微笑呢？一旦你的潜意识笑了，周遭的人也会跟着微笑。试试看吧。"

之后，我去浴室照镜子，试着对自己的苦瓜脸微笑。

"我已经准备好迎接巨大变化，接纳幸福了！因此，我的订单是还清债务，得到幸福！我要成为还得起债的人。我要成为幸福的人。"

说出口后，我的心里产生了巨大的变化。

我的心底涌出一股兴奋和期待的感觉，就像小时候迎接新事物一样。

我对着镜中的自己说道："现在我很好，放心吧。而且，我觉得能量石手环店很酷啊。不只酷，还能带给大家幸福呢。谢谢，我爱你。"

语毕，镜中的我开心地回望着我。

接着，我在心底郑重发誓："我一定要接纳变化，得到幸福。"

第 2 部

宇宙超级喜欢戏剧性

16 抱着白猫的太太，带来意想不到的好运

变成能量石手环店老板的我，某天对宇宙先生下了这样的订单：

"我想扩展能量石手环的业务！什么事我都愿意做，请给我提示！"

"哦？小子，你越来越上道了嘛。"

几天后，我接到一通电话。

"我们是HKB的开心电视台。"

（来了！宇宙先生的手脚也太快了吧！）

"是！有什么事吗？"

我开心极了，电视台的人却冷不防地说：

第 2 部　宇宙超级喜欢戏剧性

"我们想针对春季服装特辑登门做个采访。"

（咦，服装！）

向宇宙下订单后，难得电视台打电话来，却……

（奇怪，主题怎么不是采访手环？亏我都下订单了！）

我已经不卖衣服了，所以店里一件衣服也没有，看来只好回绝了。

"呃，真的很不好意思……"

话还没说完，宇宙先生突然冒出来，恶狠狠地瞪着我。

（该不会有什么特殊意义吧？）

狠瞪

我转念一想，对电视台的人说：

"我不确定春季服装准备好了没，稍后再回电给您！"
然后挂断电话。

"呃，因为你叫我把服装店关了啊，所以衣服早就没库存了。"

我找借口辩解，想不到宇宙先生不屑地说："没衣服不会去借吗？"

"啊？"

"你不是说什么事都愿意做吗？"

"话是没错啦。"

"还有啊，前阵子教你的口头禅，你是不是忘了！不管发生什么事，都要说什么？"

"是，遵命！**赞！我的愿望要实现了！**"

我大声喊了出来，结果真的开始觉得此事肯定有什么意义，心中也浮现好的预感。

（反正就听听看吧。）

我打起精神，打电话给中介，告诉他来龙去脉。一问之下，居然有两家公司愿意出借春季新装协助拍摄，条件是："如果有人问起衣服的来源，记得帮我们宣传一下哦。"

"衣服到时会准备好，请务必来敝店采访。"

我赶紧打电话给电视台，等待初步面谈的到来。

初步面谈的日子到了。

节目制作公司的老板跟女导播准时来访。

"久等了！"我开门迎接他们，只见一名抱着白猫的奇怪客人，尾随他们入内。

"嘿，年轻人，你是占卜师吗？听说非常灵验。"

制作单位赶紧让出一条路，好让这位太太进来。

"什么？占卜师？"

"我工作的地方啊，有个同事的朋友找你占卜了下，然后买了念珠。结果啊，听说从那之后就好事不断，有一天念珠断了，她的子宫疾病居然好了呢！"

看来，这名老妇人好像有点误会。

"不是占卜，是O环测试法。而且也不是念珠，是用能量石制作的手环。"我解释道。

"管他什么呢，总之我也要做那个什么测试！我现在就去银行取钱,你也要做一个给我!"

这位妇人连珠炮似的说完一大串后,就又一溜烟走出了店外。

在一旁等待采访的两名电视台人员,可没听漏一句话。

"刚刚你们在讲什么?"

"你在卖能量石手环?"

"什么是O环测试法?"

他们瞬间丢出一大堆问题,于是我向两人娓娓道来,老

板听完后竟说："小池先生，初步讨论下次再说，今天能不能先帮我做能量石手环呢？"

我帮制作公司老板做了O环测试，为他制作了一条手环。他似乎非常开心。

"这下子，我就有希望结婚了，你不觉得吗？你看你看……"

"请你现在不要跟我说话，我想找一天跟我妈一起来。"

女导播认真地查看记事本，三天后，她真的带妈妈一起来了。

他们择日再访，结果没先碰流程就正式录视频，录了整整三小时，播出时间却只有四分钟。

令人惊讶的是，在这四分钟里，有三分钟在谈论能量石手环。

节目一播出，电话马上响个不停，手环的预约瞬间排到了下个月底。

另一方面，完全没有人打电话来问春装。

从那之后，我的生意变得超级好。

电视宣传的热度虽然无法持续太久,不过没关系,在老客户的口耳相传之下,又有新的客人来预约,名声也越传越远。

17 遇事不要中途乱下定论，
　　因为彩蛋常排在后头

几个月后。

"小池，你好像变得很忙嘛。"

"是啊。不过，我觉得好充实哦！"

"嗯，毕竟能量石跟金钱一样，都是能量的集合体啊。你的口碑越好、良性循环越旺盛，能量石的主人也更容易实现愿望订单。"

"原来如此！话说回来，电视台采访是宇宙先生一手策划的吧？真是太感谢了。"

"那都是抱着白猫的那位太太的功劳啦。你得好好向人家道谢才行。下次请她吃个寿司吧。"

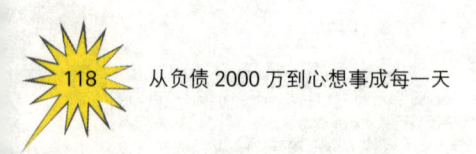

"啊!"

这么一说,我才发现一件事。

抱着白猫的太太,那天并没有回来我的店……

18 宇宙的运作系统就是"事先付款"

（宇宙先生明明是虐待狂，我却无法讨厌他。）

多亏了宇宙先生，尽管我仍背负着债务，日子却比以前快乐不少。这阵子，我化被动为主动，常邀请宇宙先生给予提示。

"问你哦，宇宙先生。"

"干吗？"

"我觉得，应该有些人怀疑能量石手环的效力吧？"

"这个嘛，毕竟人类的肉眼看不见能量啊。为什么肉眼看不见，就不愿意相信呢？其他人看不见我，但我一点儿也不可疑吧？若是用肉眼判断事情，就会在关键时刻误判哦。"

"……"

"喂，臭小池，你不要一脸傻眼儿的表情好不好？好啦，说得具体一点儿，现在是什么情况？"

"就是，男性比较容易对灵性世界反应过度。我看那些客人，他们有些人觉得这是东方医学，所以不相信；而有些人认为是西方医学，因此很放心。大概就类似这个情形吧！他们好像比较信任科学呢。"

"人类这种生物真奇怪啊。论科学，还有比宇宙真理更科学的领域吗……算了，小池，不管你那颗小脑袋瓜怎么想，宇宙的系统就是这么简单。无论人类了不了解，宇宙都同样运作，就这样。对了，那就把你的手环变得科学化，不就行了吗？"

"科学化？"

"既然科学这么令人放心，你就先去学学心理学课程，如何？反正学了对做生意也有好处。"

"心理学课程啊……我懂了。"

我赶紧进行调查，一查之下，觉得这个领域很接近宇宙先生所教导的宇宙真理，于是决定投身研究。

然而，我查了几个心理学讲座，结果……

"哇，参加讲座要五十万啊，而且地点在东京……"

参加讲座就能增加客人对我的信赖，但是费用实在昂贵。

"嗯……等客人多一点再考虑吧。"

"小池！有种你再说一次！"

宇宙先生突然冒出来，一脸凶神恶煞。

"啊啊啊啊啊……你干吗？"

"我说，你刚刚说什么，有种再说一次！"

"没有啦，我是很想参加心理学讲座，可是实在太贵了，想等债务减轻一点，再来考虑……"

"我说你啊，根本不懂金钱的运作方式嘛！**金钱这玩意儿啊，是预付系统啦！**"

"预付系统？"

"如果你想要赚钱的话。"

"想要赚钱的话？"

"现在马上给我付钱！"

"啊？就是因为我没钱啊，怎么付钱呢？！"

"不对，你就是因为不先付钱，所以才赚不了钱啊！"

"你在说什么？你说的话乱七八糟的。"

"你的脑袋才乱七八糟！宇宙是预付系统啊！如果你想赚钱，就先给我付钱！"

"我就说没有钱嘛！"

"我的天哪，受不了了，你这个大白痴！宇宙是无限的能量体，而金钱，则是由人类的'感恩'与'爱'所形成的能量体。能量不喜欢停滞。电流停滞就会消失，水流停滞就

会发臭。同样的道理，所有的能量都必须流动，你才能运用能量。小池，如果你现在需要钱，就必须先付钱，让金钱流动、循环。"

"话是这么说……可是没钱就是没钱啊……"

"好，都到了这节骨眼儿上，你还想送出'没钱就是没钱'的订单？烦死了！你真的超级烦！你们人类真的是'负债口头禅'的宝库。你不腻我都腻了。"

"负……负债！千万不要对我讲这两个字啊。"

"废话一堆，我管你那么多！不爽的话就把负债变成资产啊。小池，这对现在的你而言或许需要勇气，但若是犹豫不决，金钱就无法流动了！能量会停滞，宇宙订单也会停滞！"

"金钱的流动……"

"小池，你跟我相逢时，你不是为了偿还高额债款而拼命赚钱吗？你拼命还债，想必心里认为'金钱留不住''金钱只会折磨我'吧？可是，金钱是爱与感恩的能量才对啊。"

"爱与感恩?"

"没错。所以,付钱时必须心怀感恩地付钱,收钱时必须心怀感恩地收钱才行。如果接受、支付时心里没有爱,金钱就无法发挥原本的力量。"

"嗯,换句话说,就算我没有钱,现在也必须想办法付钱才行,对吧?"

"没错。"

"不仅如此,我还必须怀着爱与感恩,开开心心地把钱送出去,对吧?"

"一点儿也没错!花钱的方式就跟下宇宙订单的方式一样。首先要决定用途,一点儿也不能含糊。花到什么时候?为了什么而花?要花多少?我再强调一点,你不是为了还钱而赚钱,而是为了让爱与感恩得以循环才必须赚钱的。"

"我向宇宙下了还债订单,是不是错了?"

"不能说你错,但能量会稍微弱一点儿。"

"这样啊。"

"所以,我看你也差不多该重新下订单了。"

"好。"

我想了一会儿，接着向宇宙下了订单。

"我周围相信宇宙、向宇宙下订单的人变得更多，奇迹变得更多，幸福的人也变得更多了！更多了！"

"哦？这项订单所需的提示，我已经告诉你咯。"

我径直走向电脑，在选中的心理学讲座报名表中填入姓名与地址，完成申请。

紧接着，我的心情突然变得很轻松，一股干劲儿油然而生。

这一天我心情非常平静，晚上睡得又香又甜。

19 宇宙先生教你"入账口头禅"

就这样,我决定参加东京心理学讲座。尽管必须先筹钱,心里却不再烦恼了。

既然决定参加讲座,报名表也送出了,付款期限也公布了,接下来就是思考该如何在截止日期前筹到钱。

于是,我试探性地询问宇宙先生:

"宇宙先生,我想问你,有没有什么发财口头禅?"

"你想知道的是'入账口头禅'吗?"

> 宇宙级大师
> 宇宙先生的第七课

学会"叮叮口头禅",让你的宇宙银行存款越来越多!

  如果你了解了金钱的系统,就一边想象自己宇宙银行的存款越来越多,一边说说看"叮叮"。

  说"谢谢"时,也不妨想象一下宇宙存折入账的样子。此外,向宇宙下订金钱时,与其说出金额(像是"一百万入账了"),不如连用途都设定清楚,再向宇宙传达,如"为了取得证书而必须参加的讲座费用五十万日元,以及交通费用十九万四千三百日元,都在四月二十九日前凑齐了"。

将不用的存折拿出来，写上日期、存款金额与用途，在白纸黑字的帮助下，能使你送出更具体的订单哦。

此外，**因为金钱是爱与感恩的能量，所以这笔钱必须与众人的幸福有关。**

例如：取得证书后，客人就能放心来店里了。开开心心回家的人变多了。

然后，不管每天遇到什么事，你都必须在脑中默念："叮叮。"

尤其在做讨厌的工作时、被主管责骂时、慢跑跑得很痛苦时、读书读得很"头大"时，当你觉得自己在"劳动"的时候，劳动时薪正一点一滴存入你的宇宙银行账户，而且利息相当惊人。

这些存款会一一存入你的宇宙账户，最后提取出来，化为你的美好生活。

20 学会超厉害的口头禅，让所有人、事、物都在一周内改变

就这样，我筹到了讲座费用和交通费，开始在东京学习心理学。我觉得自己的世界越来越宽广。越是钻研人心，我越觉得自己朝宇宙真理更靠近了一步。

认知行为疗法、格式塔疗法、催眠疗法……各国多年来所研究的心理疗法，有一个共同点，就是去除深植潜意识的信念，也就是根基，然后设定新的根基。

治疗创伤与改善忧郁，就是要消除潜意识中的心结，将患者导向健康的状态。

这些心理疗法，多半与宇宙先生的教诲有异曲同工之妙。

用"谢谢"来净化潜意识，用"我爱你"与潜意识心心相印，用全新的价值观向宇宙下愿望订单……宇宙先生所教导的道理，全都与心理疗法息息相关。

随着学习心理学课程的时间越来越久，有些来定做手环的客人表达了"想接受心理治疗"的意愿。

客人遇到好事之后，又借口耳相传帮我带来更多客人。

代表爱与感恩的金钱，就这样汇聚到了我的店里。

宇宙之力真是惊人！

如今的我，对宇宙先生再也没有一丝一毫怀疑。

不仅如此，我也希望能让更多人知道，宇宙系统有多么厉害。

我对定做手环的客人娓娓道来，包括宇宙先生所教导的宇宙系统、带来正能量的"奇迹口头禅"等，久而久之，有些客人表示还想了解更多，就在此时，宇宙先生冒了出来：

"喂，小池，你想窝在店里嗑瓜子聊宇宙聊到什么时候？！找个更大的地方，让更多人听见啊！"

"啊？要我在一堆人面前演讲？你明明知道我不擅长在众人面前讲话啊。"

"少在那里讲一些没有用的借口了。你要让全世界的人知道,我是如何让满脸鼻涕眼泪的小池茁壮成长,你要把这个奇迹故事告诉全世界!这是你接下来的任务!"

"奇迹故事……讲得好像海伦·凯勒似的。"

"对,一点儿也没错,我就是奇迹。我就是莎莉文老师①。对了,你不是有几个客户是媒体人吗?去找他们商量啊。"

"……"

"喂喂喂,你傻眼儿个什么劲啊!不要用你那颗小脑袋瓜烦恼了!我给你什么提示,你就给我照做!"

"提示?你只是想自卖自夸吧?"

"那还用说?也不想想要不是有我,你哪有今天?人类必须了解宇宙的系统!况且,我之前也说过,宇宙的奇迹库存过多,所以你必须赶快叫大家来订制奇迹!了解宇宙系统

---

① 全名安妮·莎莉文,美国残障教育家,是海伦·凯勒一生中最重要的启蒙老师。

的人接下来要做的事，就是不能让奇迹只在自己身上发生，而是必须传达给放眼所见的所有人。**因为，你眼中所看到的世界，全部是你！**"

"啥？你说什么？全部是我？"

> 宇宙级大师
> 宇宙先生的第八课

说吧！我、你、他，"全部是我！"

很多人以为宇宙只有一个，这可是错得离谱。

只要有一个人，就有一个宇宙。

千万别忘了，**宇宙的所有人、事、物，全部是自己的化身。**

现在小池眼前的人，就是小池的能量本身。不只是人，小池所处的环境、所使用的物品，也都是小池能量的具象化。

坠落不幸深渊的人，要么只会遇到尖酸刻薄的人，要么只能用破掉的杯子。

"那也是我,这也是我,那也是我……"

一边复诵上述那句话,一边看看这个世界。

这么一来,你就能从客观的角度看自己,也能看出自己需要什么、想变成什么模样。

接着,再用口头禅改变潜意识(就像以前那样),就能改变状况,将你的宇宙变成截然不同的世界。

你会开始遇见善良的人、充满爱心的人,也能得到喜欢的马克杯和柔软的毛巾。

一旦了解宇宙系统,你开始转运,接下来,就该将爱己扩大为爱人,将宇宙系统推广出去,为所有事物灌注爱的能量。

换句话说,你必须不断对外分享宇宙订单的窍门,以及身上所发生的奇迹。

然后,再向宇宙订制万物的幸福。

不过,这并非要你将别人改造成自己想要的样子。

不要区分你我。将所有人都当成自己,好好对待大家,然后向宇宙下订单,祈求自己的宇宙风调雨顺、平安幸福。

如此一来,久而久之,你就会在自己的宇宙之中,遇见幸福快乐的人。

别人有可能擅自改变，你们也有可能从此不再相见。

你会不自觉地想去空气新鲜的美好场所，也会想住在那样的地方。

凡是身上的衣服、住处、日常杂货，都会在不知不觉中换成更美好的东西。

如果不信，就试试看啊。坐而言，不如起而行！

第 2 部　宇宙超级喜欢戏剧性

21 你知道宇宙的"超能力"系统吗

"居然要我在众人面前说话……不行,不可以想太多!宇宙的提示关键在于最初的0.5秒,不可以思考!只要马上行动就行了,对吧?"

"没错,马上就去做!现在去做!"

我怀着忐忑不安的心情,打电话给某家杂志的编辑部。

其实,以前我曾经接受过仙台当地资讯杂志的采访,编辑上门定做了一个手环,由于愿望很快就实现,因此消息转眼间传遍整个编辑部,后来有一半以上的编辑与美编都戴着我做的手环,简直跟员工证没两样。

(呃,可是突然打电话过去说"我想办讲座,请告诉我该怎么做"人家会不会觉得我很奇怪……不,别想了,动起来，动起来……)

我战战兢兢地给资讯杂志的编辑打电话。

"我想办一个讲解宇宙系统的讲座。"

"小池先生，您的电话来得正好！不瞒您说，我调到一个负责办活动的部门了！若有我能帮忙的地方，请尽管开口！"

"真的吗？谢谢您！"

不仅如此，这位编辑还说："小池先生，大家都说你提到的宇宙系统很有趣，不推广出去实在太可惜，所以接到你这个电话，我心想：机会终于来了！这个讲座一定能吸引到很多人！"

就这样，我开始着手准备讲座。

第一步，我先在店里举办小型座谈会，向几位听众讲解宇宙系统，请他们填写问卷，然后再一点一滴改进、摸索（听众想听什么？如何才能讲得更好？），之后再逐渐扩大规模。

起初我紧张得冷汗直流（现在也是），怎么讲都讲不好，简直一个头两个大。但我秉持着一颗"希望推广宇宙系统"的真心，说着说着，就渐渐爱上对听众说话的感觉了。

尽管扩展速度不快，但讲座的规模越来越大，听众也越来越多。

除了宇宙系统，我也向观众畅谈宇宙先生的霸道与功劳，每次观众都听得津津有味。参加过讲座的人，都开始向宇宙下订单了。

有一天，讲座结束后，我在回程路上对宇宙先生说："刚开始我还怀疑自己无法办讲座，但渐渐地，我越来越乐在其中。"

"那还用说。因为啊，虽然你自认为不擅长在众人面前讲话，**但你需要的能力，宇宙一定会给你。**"

"……真的假的啊？"

"因为能力也是能订制的啊。"

"什么！我以为只有有能力的人才能实现订单，原来，连能力都能向宇宙订制！简直让人无法相信，这也太棒了！"

"所以说，宇宙是一个超级好的地方啊！满地都是甜头，只有你专门挑苦头吃！"

> 宇宙级大师
> 宇宙先生的第九课

每天高喊"我有能力了"口头禅,实现比登天还难的订单!

受虐狂最喜欢做的事,就是明明有想做的事、想要的东西,却找一堆借口推托(比方说:"因为怎样怎样,所以不可能啦""我最不擅长××了"),迟迟不肯行动。

此外,奸诈的人类会找借口不行动,为自己留下一线希望("我只是不做而已,要是真的做了,一定能成功的")。

可是!当这种人在地球上的寿命尽了,回到宇宙时,一

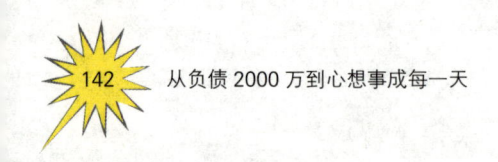

定会大喊:"惨了!我还没有做那件事,这件事也还没做!我到底在干什么啊!去地球的时候都忘光光了!"

然后,他们会说:"我还有心愿未了,再回去一趟好了。"

结果他们回到地球后,又啥事都不干。

事实上,这种喜欢反复干蠢事、制造恶性循环的人还挺多的。地球是行动之星,不行动怎么行?人类不就是知道这点,才会来到地球吗?

听好了,我来告诉你一个道理。

实现订单所需的能力,会自动拥有。

有时是忽然拥有,有时是拥有那项能力的人亲自送给你。总之,即使现在没有能力实现愿望,只要好好下订单,宇宙就会赋予你所需的能力。

因为能力是靠下订单得来的。

你们在地球上所使用的躯体,虽然性能各自略有不同,但基本上具有实现所有订单的效能。因此,当你挑战新事物时,就对宇宙说出这句话吧。

"我有能力了!"

接下来,只要相信宇宙,全力行动即可!

第 2 部　宇宙超级喜欢戏剧性　143

22 宇宙的订单系统，逾期就会增加利息

宇宙会赋予你所需的能力与金钱。
时机到来，势必水到渠成。

我对此深有体悟。
此时，宇宙先生布置了一项功课给我。
"多体验一些，多练习几次吧！"
当我决定"每次去东京都搭商务车厢"时，我就赚到了足以搭乘商务车厢的钱；
当我决定"参加这场讲座"时，我就在缴费期限内赚到了报名费，并且一分不差。有了这几次的经验，我越来越确定"心里想要什么，就能得到什么"。

不仅如此，参加讲座的人也向我分享了各自的经验。看到许多人向宇宙下订单、实现愿望的过程，我不禁认为其实还有一项法则。

那就是：**如果期限到了还没有实现订单，那么应该有利息。**

有一天，我向宇宙先生提出一个问题。

"订好日期再下订单，通常都能如期实现，可是有时也会延后几天，甚至是当事人都忘了订单了才实现吧？这种时候，总觉得得到的好处反而比当初下订单时更多，是我多心了吗？"

"啥？这不是很正常吗。"

"啊？这样很正常吗？"

"没错。基本上，宇宙都会如期实现你的订单，但随着下订单者的状况、时机或许愿内容的不同，有时宇宙会选择以更戏剧化的方式呈现。"

"戏剧化？"

"例如，一个不红的音乐人在年初时决定'今年一定要正式出道'，然后向宇宙下了订单。他遵从宇宙的提示努力了一整年，就这样等到十二月三十一日。"

"……"

"小池，你怎么看？"

"怎么看……觉得很遗憾啊。他心里可能会想：'愿望没实现，可恶！'"

"那句！就是那句不行啊，小池！'愿望没实现'这五个字，等于是向宇宙下'无法实现愿望'的订单啊。"

"可是，我了解他的心情，毕竟他下了'一年内正式出道'的订单，结果没有实现嘛。"

"了解个头啦，白痴！逾期才好，机会才大啊！"

"这……太难懂了吧。"

宇宙级大师
宇宙先生的第十课

如果愿望没有如期实现，快大喊："太好啦！我有利息了！"

给宇宙订单加上期限，除了使订单内容更加具体、加强当事者实现订单的决心之外，还有一个原因。

因为宇宙有利息制度。

小池背债背怕了，听到利息只会往坏处想，但这里的利息是指好的利息。

向宇宙下愿望订单，订好期限，也照着提示实行，日子到了却没有实现，这时你的机会来了！

这是得到额外福利的机会！

期限到了却没有实现,代表宇宙正精心策划一场更戏剧化的演出!

换句话说,宇宙本身也很享受这份订单,所以才花费了比较多的时间。

比如:假设你是一个渴望正式出道的音乐人。

宇宙为了增添戏剧化效果,于是设计了一个惊奇又扣人心弦的桥段,那就是,有一天,当你在街上演奏时,恰好遇上来日本访问的麦当娜……

因此,如果逾期了,你就这样大喊:"**太棒啦!这下子就有利息了。我能得到更多好东西了!宇宙,谢谢你!**"

毕竟,宇宙最喜欢为满怀信任、乐在其中的人实现订单。

宇宙也一定会为你准备一场超级戏剧化的惊喜。

记住,绝对别说:"搞什么,根本没实现嘛。"

那么,近在眼前的华丽惊喜,很有可能转眼间化为乌有。千万要注意。

第 2 部　宇宙超级喜欢戏剧性　149

23 想结婚，就找宇宙媒人网！

遇见宇宙先生，算算也有五年了。

现在，我再也不担心还不了债了。我一边偿还大笔债款，一边享受着每一天的生活，开心得不得了。

此时，我的心里浮现一笔新订单。

于是我决定一鼓作气，向宇宙先生下订单。

"宇宙先生，我想下订单！"

"啥？"

"我想找一个人生伴侣！"

宇宙先生挤出前所未有的贼笑，说道："小池，你这小子，当起怀春少男啦。你想实现愿望吗？"

"既然是订单，请你一定要帮我实现。"

"哇，强硬起来了嘛。好啊，那你在这里宣示。"

"宣示？"

"对。什么时候要结婚？宣示一下。"

"什么时候……好，我要在一年内结婚！"

宇宙先生毫不理会害羞的我，目光炯炯有神地说道："好，没问题！我去送一下订单，马上回来。"说完，他便潜入泉水，半晌后再度现身。

"好，订单送完了。"

"那我接下来只要等待你的提示就好，对吧！"我兴奋地说。

"不对，不大一样。如果想订的是人与人之间的缘分，理论上必须委托宇宙媒人网。这是那些家伙的管辖范围。"

"你说，宇宙媒人网？"

"嗯，等我一下。"

语毕，宇宙先生将手伸进泉水里，拉出一个东西。

"喂，是媒人网吗？我们家的小池终于想结婚啦，咦？嗯，对，对……总算来到这一步了。说来全都是我的功劳啊。总之就万事拜托咯，拜拜！"

说完,宇宙先生切断通话,将手机扔进泉水里。

"好,收工咯。"

他边说边飞进厨房,打开冰箱大声嚷嚷。

"哇,小池,不简单嘛!从气泡酒升级成罐装啤酒啦!"

几天后,我目睹了一个非常可怕的情景。

那时是半夜。

我去上厕所时,发现浴室的灯没关。

(奇怪,我忘关了吗?)

正想关灯时，里面却传出了声音。

"嘿！小缘，等你好久啦。好久不见！"

我稍微打开浴室的门，探头一看……

"是呀！真的好久不见了呀！哎哟，还不都是你们家的……小池对吧？他完全不求桃花运，所以我没机会来呀。"

"总之啊，难得有机会相聚，来干一杯吧！那小子以前一直喝气泡酒，最近终于换成啤酒啦。从头穷酸到尾，可是他最近简直变了一个人呢。对了，宇宙媒人网有什么好女孩吗？"

（宇宙媒人网？不就是前几天宇宙先生讲的那个吗！）

"呵呵呵呵呵，当然有呀！几天前有个女孩贴了张征男友启事呢！她跟小池真是绝配。喏，你看！觉得怎么样？"

"哇，是个超级好女孩啊。配给小池太可惜啦！"

（我不在旁边就乱讲话……话说回来，好想好想看照片。）

"好,那我去处理一下哦。"

"嗯,拜托你咯。"

隔天,我一如往常去店里购买制作能量石手环的材料,我突然觉得,平常总是笑脸迎人的店员,好令人动心。

24 学起来！终极"神社参拜法",让你跟宇宙联结起来!

店里的生意很稳定，我的债务也越来越少。

"明明债还没还完，我却每天快乐得不得了，真不可思议啊。谢谢您！"

有一天，我在店里喃喃自语时，宇宙先生突然冒了出来。

"小子，真有你的。你不仅没有输给延迟，而且无论遇到好事、坏事都能保持好心情，也不忘说谢谢。你越来越了解宇宙系统了嘛。好，差不多该去神社咯。"

"神社吗？我偶尔会去参拜啊。尤其是出外旅游时……"

"不对！你最该去的神社，是自己居住地的神社，要去拜氏神①才对！中田神社！你要定期去中田神社！尤其是月初，每月的一号早上，一定要去啦！"

"好，我知道了。可是，为什么非得拜氏神不可？"

---

① 日本同一聚落、地区居民所共同祭祀的神道神祇。

第 2 部　宇宙超级喜欢戏剧性　157

"你还敢问为什么！不感谢所在地神明的保佑，而去感谢天照大神①，说穿了就只是一日信徒而已啦！就和看到艺人就尖叫没两样！更重要的是，你应该感谢上天让你活着，感谢陪伴你的人，感谢当下才对吧！"

---

① 日本神话中的太阳女神，被奉为日本天皇的始祖。

"原来如此，蛮有道理的。"

"况且，**神社啊，可是跟宇宙众神网联结在一起的哦！**"

"呃……众神网？"

"没错。所以，宇宙能透过每座神社看穿一切。"

下个月第一日的清晨，我一如往常地进行完"谢谢，我爱你"慢跑之后，便依约定去参拜氏神。

"呃……希望能早点还完债！"

"大笨蛋！不要在神社对神撒娇！"

"咦咦咦，神社不是许愿的地方吗？"

"错！错！错！我还以为你稍微懂了点皮毛，结果还是什么都不懂！"

宇宙级大师 宇宙先生的第十一课

不要在神社许愿,要大喊:"托福!托福!"

订单输送管或能量循环系统,地球也有好几个。

其中之一,就是每个人都有的,下订单的管子。

当然,将自己的订单输送管清干净、确保管道畅通,确实是最重要的事;若能做到这一点,就能使用地球上的各种管子,让能量循环不息。

像神社这类磁场好又具有能量的场域,能跟宇宙直接联结,也能将想法传达给宇宙。人与人之间的气流,也是有管道的。

自古以来,日本人对这管道可是再熟悉不过。

当遇到好事、平安快乐时，人们不是都会说"托福托福"吗？

"托福"里头的"福"，就是冥冥中在各种管道流通的能量。换句话说，你在无形中依托了许多力量。

另一方面，日本人最喜欢神社，但说到去神社向宇宙传达想法，很多人都误以为是去"许愿"。

大错特错！

宇宙是一股庞大的能量。

而能量，是由爱与信任组成的。

无论是人类、金钱或是宇宙，只要是由能量组成的万物，都是在受到信任、肯定与爱护的时候，才能发挥最大的力量。

因此，去神社，你只需要做一件事。

先报上姓名、住址，表明身份，接着再向宇宙传达信任与爱，好好道谢。

"托您的福，让我能平安迎向新的月份。感谢您总是赐予我很棒的能量，我爱您。"

这段记得学起来！

第 2 部　宇宙超级喜欢戏剧性　161

供奉香油钱，同样也是向宇宙传达爱与感谢的行为。

将爱与感恩的能量送到宇宙，才能促使能量循环，进而使宇宙能量流向你自己。

25 神的使者，乌鸦天狗现身！

这几个月来，我每月第一日的清晨一定会去神社，向神明及宇宙道谢。有一天，我去神社参拜后，决定邀请心仪的那个女孩跟我约会。

四十岁背了一身债的我，幸福终于来敲门了。

这是值得纪念的初次约会，该去时尚酒吧呢，还是海洋馆？我想了很多方案，此时宇宙先生突然从我背后冒了出来。

"小池！约她去山寺！"

"山……山寺？山形县那个？阶梯超难爬那个？"

"对。你别问了，快去约她！"

"要……要不要去山寺？"

"好呀！我很想去！"

就这样，我遵从宇宙先生莫名其妙的提示，邀她去山寺约会。约会的日子，终于到了。

山寺是山形市山形县的一处观光胜地，山上零星分布着几座小寺庙。我们先在山脚的礼品店吃团子、逛杂货，接着开始爬阶梯。来到半山腰时，她忽然止步说道："啊，我的披肩不见了！"

"啊，我去找找。"

我立刻接腔，然后开始往回走。

我可不想让她来回爬好几趟。

"小池，你知道披肩掉在哪里了吗？"她对我喊道。

"知道，知道！"我边说边轻快地走下阶梯。

话是这么说……

其实我根本不知道披肩掉在哪里。

总之，我决定先沿路回头找。

不料，走到一半，突然刮起一阵强风……

"喂，我知道你是谁哦。"

有人朝我说话，抬头一看……

"你……你是谁?"

宇宙先生、宇宙媒人网……我什么大风大浪没见过,早就对奇怪的东西见怪不怪,于是我一边赶路,一边和那东西搭腔。

"**我是乌鸦天狗!**①你是常来中田神社参拜的小池吧?"

"是的!平常承蒙您关照!"

"听说你交到女友了?小缘告诉我咯。而且今天是第一次约会?"

(怎么,他们俩认识?)

"是的!她是个很棒的女生。"

"然后呢,披肩不见了,所以你要回头找,对吧?难得第一次约会,你应该很想表现吧?"

乌鸦天狗堆起笑脸。

"哈,是的,这个嘛,能好好表现当然是再好不过了。"

---

① 也叫乌天狗和鸦天狗,是日本传说中的妖怪,因有着和乌鸦一样的尖嘴和漆黑的羽翼得名。

"我就大发慈悲告诉你吧。"

话才刚说完,我的脑中就浮现出披肩搭在茶馆板凳上的影像。

"好啦,下次要再来神社找我哦!"

乌鸦天狗瞬时消失得无影无踪,我去他指示的地方一瞧,果真找到了披肩。

各位读到这儿,八成认为我有超能力,或是脑袋不正常吧？不过,我觉得宇宙先生说的没错。

"原来,世界上有许多管道通向宇宙,也有各种类似宇宙先生的人,从各地给我提示呢。"

26 你要"背着债务结婚",还是"还完债再结婚"?

在那之后,我和女朋友交往得很顺利,有一天,我终于确定"她就是我的人生伴侣",脑中却浮现出那件事。

那就是:我是要先花几年还完债,再跟她结婚?还是背着债务跟她结婚?

当时我还欠一千两百万。

尽管收入持续增加,也不再担心还不了钱,但一千两百万的债务,实在不是一件光彩的事情。

这下该怎么办?

我决定将当下的心情告诉女朋友。

"我很认真地思考与你的未来,只是,我身上还有债务……"

她忧心忡忡地注视着我。

仔细一看,宇宙先生、小缘跟乌鸦天狗都在她后面,恶狠狠地瞪着我。

"你该不会是想要她等你吧!只因为之前点的排骨饭还没吃完,就要人家等你?"

"可是，我身上还有债务，不确定能不能让她幸福……"

"那你怎么想？"

"咦？我？"

"你觉得背债的自己很凄惨吗？"

"不、不，我很幸福，也很快乐。所以，现在我几乎不把债务放在心上了。"

"你不是一边吃着排骨饭，一边还把手伸向凉面吗！而且还边吃边傻笑！换句话说，你的心之根基改变了，早就不受以前的订单折磨了。无论是凉面或排骨饭，你两边都吃得津津有味。那不就跟排骨饭消失了没两样吗？小池，你已经跟背债地狱说拜拜了！现在是背债天堂才对吧？"

"啥？"

"臭小子，之前你不是说过吗？'眼前的排骨饭能不能马上消失？'唯一的方法，就是排骨饭跟凉面都开心地吞下去！而最高级的凉面，现在就在你眼前。你不吃吗？不吃的话我吃咯。"

"呃！我不要！"

我注视着她。

"我身上还有债务……"

"……可是。"

宇宙先生、小缘跟乌鸦天狗都死命盯着我。

"请跟我结婚！"

"好！"

从那天起，一切事情都进行得很顺利。

她完全不担心我的债务。

拜访她的父母时，我说："我有债务，但我一定会还清的。"

而他们也温暖地回答："你不要一个人承担，记得叫小女帮你分担一下。"

就这样，我得到了最棒的人生伴侣，不久也生下两个可爱的女儿。假如我当初坚持"不还清债务不结婚"，或许最爱的人已离我远去，我也不会有这两个像天使一样可爱的女儿。

刚遇见宇宙先生时,我向宇宙下的第一个订单是"十年内还完债务"。

但是,自从了解了宇宙系统,我的订单变成"希望我跟我爱的人,以及来买能量石手环的客人能够得到幸福",而我也经常反复默念。

因为我发现,**所谓"订单",就是由爱与感恩所发出的能量。**

27 运用伴侣的力量，使下订单能力加倍威猛！

结婚典礼那天，宇宙先生只对我说了一句话：
"你要发誓，绝对不能让老婆担心钱的事情！"
"那当然！"
婚后，家里的经济由我管控，还款状况顺利得惊人。
当月销售额及剩余债款的详情，我一概不告诉妻子，以免她操心。

当初刚结婚时，我许愿祈求"还债之余，每个月家里都有八十万的进账"，而妻子所许的愿望只有"每天全家都能幸福地一起吃晚餐"。

第 2 部　宇宙超级喜欢戏剧性

　　我告诉宇宙先生这件事，他笑着说："夫妻就是要琴瑟和鸣。只要能百分百互相信任，就能增强宇宙订单的能力。小池，你太太订了幸福的时光，而你订了幸福时光所需的金钱，简直是模范订单啊。"

　　没错，妻子的确是百分百信任我。

　　"阿浩，既然你这么说，那一定就是这样。"

　　自始至终，她对我没有一丝怀疑。信任所带来的喜悦与爱，使我更加有干劲。

此外，婚后小缘也不时来串门，提点我该如何与心爱的人共筑美满婚姻。

到百货公司购物时，小缘会在我耳边说道："小池！我说呀，买自己的衣服时，别忘了也帮太太买哟！还有，帮太太买衣服时，千万不要小气！"

"嗯嗯，小缘，我也是这么想的。"

"男人呀，如果能使太太过得幸福，就特别容易得到成就感。有了成就感，就能使能量循环。能量循环起来，任何事都能顺顺利利。因此，买东西千万别看价钱。管它贵还是便宜，喜欢就买。只买喜欢的东西。建议你跟太太贯彻这个原则。"

男人要说:"我让女神过得幸福,我是好男人。"

小池,你终于得到幸福啦。

恭喜你。

在此,我要为你特别上一课,教你男女相爱之道。快做笔记呀,笔记!

首先,男人呀,面对女人,千万不能觉得自己是老大。

女人都是女神。

陪在你身边的爱人,你一定要把对方当成女神。

就算当了丈夫,也绝对不能耍大男子主义!

"喂,倒茶!"

说出这种话，到时被泼茶也是自找的。

面对妻子，千万不能认为"这个家都是靠我一个人养的"。

你应该认为"我让女神过着幸福快乐的日子"才对！

然后，你要对自己说："我这男人还挺棒的嘛。"

她有多幸福，你对自己的评价就有多高。"我让她得到了幸福""我要让她过得更幸福"，这些想法会变成宇宙订单，使你的愿望成真。

还有，接下来是重点！

宇宙常常把"能量就是信任与爱"挂在嘴上，这不光是指夫妻之间，面对孩子也是一样的。

百分百互相信任、互相表达关爱、向宇宙祈求彼此的幸福，订单的力量就能增加一倍，不，几十倍都有可能！

因此，你必须向伴侣表示"我爱你"！

千万不能怕羞，否则就太可惜了。

如果真的说不出口，一开始可以对伴侣发出"我爱你光波"。

久而久之，或许就能自然地脱口说出"我爱你"咯！

这么一来，就再好不过了。

女人千万不能剥夺"男人为了女人的幸福而打拼的机会"

另一方面,女人不能太照顾男人。

日本的女性最喜欢借帮助对方来提高自己的存在价值,喜欢循循善诱,改变对方,这实在太没道理了!

为对方做牛做马来讨欢心,这未免太幼稚了,而且说穿了只是依赖对方罢了。

男人啊,是一种渴望受到信赖的生物。

而且,男人希望自己为女人所做的一切,能使女人得到真正的快乐。

没错,男人比女人想象中单纯多了。

因此,女人要百分百信任男人。不要像个老妈子似的帮他擦屁股,不要剥夺男人为了女人的幸福而打拼的机会。

然后,女人要衷心感谢为你营造幸福时光的男人。

还有呀,这年头,大和抚子①已经落伍咯。

女人干吗要默默忍耐?

想说什么,就大声说出来呀。

此时要注意的是,记得从"自己"的角度出发,"我想这样做""我想被这样对待",千万不要责怪对方。

"你为什么老是那样?"(这是大家常犯的错误)

再重申一次,女人越是信任男人,越让男人觉得"我让她得到了幸福",他就会越珍惜你。

---

① 泛指遵守三从四德、相夫教子传统的日本女性。

28 如何斩断量产不幸的"受虐狂生产线"

结婚一年后，我们夫妻俩背着债务生下大女儿芽芽，两年后，二女儿小咪也出生了。

尽管债还没还完，我的人生依然闪耀着幸福的光彩。

目前我最重要的宇宙订单，就是跟我最爱的妻子与女儿幸福度过每一天，而我也越来越有干劲儿。

我们的女儿，也学会向宇宙下订单了。

有一天下班回家途中，我突然好想买蛋糕，于是买了个蛋糕带回家。女儿见状，立刻笑呵呵地说："我刚才向宇宙先生许愿了哦。长大之后，我要住在糖果屋里！"望着她天真无邪的模样，我不禁心生感触。

（以前，我也是这样天真地向宇宙下订单呢。）

有一天，全家人都睡着后，我在安静的客厅打开罐装啤酒，和宇宙先生聊了起来。

"小朋友真的很懂得下宇宙订单呢。"

"因为他们的订单输送管还亮晶晶的啊。连圣诞老人也信。其实，人类生来就有下订单的能力，只是一旦家人养成一堆奇怪的口头禅，下订单的能力就变得越来越弱。难得有机会从宇宙来到地球游玩，越来越多的人却当起了"家里蹲"。从某种角度来说，这是宇宙的失策。"

"失策？"

"还不都是因为你们说想要多多行动，想体验刺激感，宇宙才为地球准备了恐惧与悲伤，而你们这些人，要么将这件事忘得一干二净，要么被恐惧与悲伤弄得束手束脚，迟迟不行动，营造出一个莫名其妙的世界，甚至搞到有人自杀。从运送订单的我眼中看来，简直是蠢到不行。而小池你，就是最蠢的一个。"

"……"

"这个嘛，所谓的家庭，不仅是'爱的能量'的源头，而且也是为人类植入各种常识或思考根基的祸首。宇

宙的万事万物，都脱离不了爱。因此，人类无论遇到什么惨事，无论被迫忍受什么煎熬，都拼命想得到爱，从某种角度来说，简直就是打不死的小强，简单讲就是受虐狂。如果不斩断这个家庭所创造的受虐狂生产线，就无法恢复原本的下订单能力。"

"原本的下订单能力？"

> 宇宙级大师
> 宇宙先生的第十二课

"只有我得到幸福,这样好吗?"快点戒掉当悲剧女主角的坏习惯!

刚生下来的孩子,都拥有亮晶晶的宇宙订单输送管。

他们衷心相信任何愿望都能实现,也百分百相信宇宙,所以无论是什么愿望,都能马上实现。

可是,由于孩子心思细腻,因此对家里的能量也非常敏锐。

尤其人类的小孩,又无法独自生存。因此,他们会对母亲的情绪特别敏感。

第 2 部　宇宙超级喜欢戏剧性

这将成为他们来到地球后首度感觉到的恐惧或不安，他们能一眼看穿家里欠缺什么，也能看穿母亲需要子女扮演什么角色，并在自己的人生角色扮演游戏①前情提要中写入这段设定，然后照着剧本走。

明明只要享受地球的游戏就好，却开始将母亲的幸福放在第一位，拼命想达成母亲的期望。

结果，导致他们误以为母亲笑不出来都是自己的错，责怪自己违背母亲的期望，误以为母亲不爱自己。

接着，他们会以为自己是无法让母亲幸福的窝囊废，于是开始养成一些负面口头禅。

如此这般，订单输送管就逐渐堵塞，订单无法实现，于是负面口头禅越说越多，他们也越来越贬低自己。

这就是受虐狂生产线。

不过啊，拜托你们仔细想想好吗？

---

① 角色扮演游戏（Role-Playing Game，简称 RPG）是一种游戏类型，在游戏中，玩家扮演虚拟世界中的一个或多个角色进行游戏，通过操控游戏角色与敌人战斗、提升等级、收集装备和完成游戏设定的任务。

把母亲的不悦、不幸、负面情绪全当成自己的错,也未免太愚蠢了吧!

而做父母的人,只因为自己的订单没有实现,就拿小孩出气,想要小孩替自己实现订单,也实在是脸皮厚。

母亲有母亲自己的人生。

父亲有父亲自己的人生。

你有你自己的人生。

你的小孩,也有他/她自己的人生。

谁的日子过得不好,是因为他向宇宙下了那样的订单,是他自己的选择。无论当事人过得多么辛苦与凄惨,也是他自找的。

小池起初也是到处欠钱,跟白痴一样流着鼻涕大哭,但现在也清楚地知道那是自己下的订单了,对吧?

没错,每个人都有自己的宇宙,只要尽情享受自己的宇宙就好。

你管别人的宇宙干吗,住海边吗?

不管面对父母或是小孩,都是一样的。

母亲的不幸就交给母亲处理,小孩的幸福就由小孩自己选择。**相信对方"有能力使他自己的宇宙变好",才是真正的爱。**

唯有面对自己的宇宙,需要负起全责。

你唯一能改变的,只有自己的宇宙。

因此,不要把管子堵塞的过错推到别人头上。

无论你有什么理由,如果想恢复人类原有的下订单能力,只能运用"奇迹口头禅"净化输送管,使之复苏。

此外,**若你想让小孩的人生幸福,只要让他看看你不断实现愿望的幸福姿态就好。**

像个孩子般许愿,像个孩子般接纳一切。

光是这样,就能斩断家庭多年传承的"负债口头禅",以及受虐狂生产线。

相较于外人,家人之间的宇宙联结得比较紧密,因此只要一个人的宇宙产生改变,很可能整个家的宇宙都会随之变化。

因此,不应该问自己"只有我得到幸福,这样好吗?"而是应该让你自己先得到幸福。

察觉宇宙真理的人,必须先带头改变!

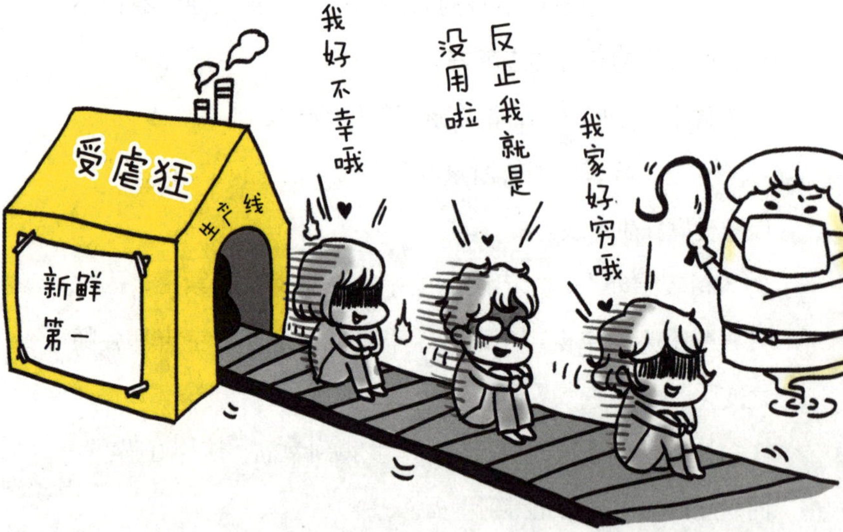
爱虐狂
生产线
新鲜第一
我好不幸哦
反正我就是没用啦
我家好穷哦

29 注意了,"只有 ×× 的人才能得到幸福"的时代,来临了!

"总觉得,人类的心思好细腻哦。"

"这个嘛,父母传承给小孩的经验或想法,也就是常识或根基,原本是漫长历史中一点一滴累积的智慧,为的是避免来地球游玩的躯体被毁坏。"

"智慧啊……"

"地球现在开始两极化了。换句话说,以前的老方法已经不适用了。"

"两极化?"

"对。因为人类的悲剧连锁效应停不下来,奇迹订单完全送不出去,于是宇宙开始修正系统,使愿望能更轻易实现。从现在起，只有幸福的人才能过得幸福。"

"咦？不幸的人没办法得到幸福吗？"

"正确说来，是'觉得自己很不幸，整天说些负面口头禅的人'。幸福的人看到什么都觉得幸福，而不幸的人只会越来越不幸。"

"咦咦咦咦！那怎么办？怎么办？"

"你啊，真是死性不改，衰鬼化成灰都是衰鬼。你不是已经戒掉不幸口头禅了吗？想走回头路是不是？笨蛋！"

"啊……这样啊。"

"说过几百次了！只要全部的人类都改变口头禅，订制奇迹不就好了吗！"

"对哦，宇宙的奇迹没有数额限制嘛。"

有一天，我在一家百货公司前面停下脚步，展柜上面陈列着劳力士对表。

"等我还完债，一定要买这个。"

"喂，小池！"

"啊，宇宙先生，怎么了？"

"你刚刚是不是说'等我还完债，一定要买这个'？"

"对啊,没错。"

"我就说你是笨蛋嘛!"

"咦?"

"现在就买!"

"什么!"

"马上!快!"

"为什么?不能当成还完债的奖励吗?"

"不行啊。"

"为什么?"

"还问我为什么。你绝对不能认为'我现在没钱'!我有钱,我钱多的是!要这样想才对!"

"没钱也一样?"

"一样!钱要多少有多少!多到淹死你!"

> 宇宙级大师
> 宇宙先生的第十三课

看到想要的东西，就说："我钱多的是！"

　　如果你想当有钱人，就装成有钱人。如果你想跟最棒的对象结婚，就假装今天你会遇到真命天子（女）。

　　地球上有很多书都强调"想变成什么人，就装成什么样子，装久了愿望就实现了"，这是真的。

　　但是，了解原理的人并不多。

　　假装已经变成理想中的自己，或是假装已经得到想要的东西，其实是一种强大的宇宙订单。

　　小池所看到的劳力士，也是一样的。

　　假如他心想："等我把债都还完，身份地位都配得上那对表，到时再来买。"

那么，不管等多久都达不到目标。

不然，就是得花上大把时间才能达成。

换个角度，想成"我要买劳力士，才能配得上劳力士"，那就不一样了。

实际购买劳力士，加上天天看得见劳力士，才能更具体地想象：那个配得上劳力士的自己，究竟是什么模样。此外，将"我买了劳力士"挂在嘴上，也能加强宇宙订单的能量。

所以，千万不能说："我想要劳力士！""总有一天，我要买劳力士！"

而是就算有点打肿脸充胖子，也要说得出："我买了劳力士！"

语言的力量是很强大的。你的状况会逐渐印证你说过的话，赚到买得起劳力士的钱。

还有，如果想赚到更多钱，就将"我钱多的是！"挂在嘴上，时时找证据为此言背书，建立关联。比如，"今天我三餐不缺""我付了这个月的房租"，所以"我钱多的是"。

我说过，宇宙无法判别善恶，也无法区分事实与非事实。因此，只要装得够像，久了就会变成真的。

30 塞翁失马，焉知非福，不要轻易下定论

在那之后，又过了几天。

店里没客人，于是我边扫地边说着"谢谢"，此时宇宙先生现身了。

"喂，小池！"

"哇！你又突然冒出来了！"

"现在去买车！"

"啥？车？"

"对。你不是说想换掉小客车，改开厢型车吗？"

"说是说过啦，可是也不用急着现在买吧？"

"要买就赶快买啊！下星期开车兜风前买起来！不然就

凭你那辆车，要我坐哪里啊！"

"你……你又来了！你想跟来兜风？"

"废话少说，快去买！"

我被宇宙先生赶到店外，于是打电话给妻子说："我现在要去买车哦。"她大吃一惊，说道："你怎么讲得好像要去买萝卜一样！"不过，她也觉得这件事一定有意义，所以我俩决定去前几天在网上找到的二手车经销商那里瞧瞧。

我开上高速公路，一路向前。

下了仙台的某个立交匝道，就能在附近找到那家二手车经销商，那里有一辆我想要的车（要价六十万）。到了那儿一看，今天居然休假！门上贴着一张纸，写着：本日为一年一度的员工进修，暂停营业。

"天哪！一年三百六十五天，为什么偏偏挑今天休息？"

我大受打击，狠狠瞪了宇宙先生一眼，他却浮在空中"啦啦啦"地哼着歌。

看了他这德行，我实在不甘心空手而归，于是大声宣告："我今天绝对要买车！"

我快速地搜索了附近的店家,决定去厂商直营的门市瞧瞧。

"欢迎光临!"

一名看起来像新人的年轻店员走了出来。

"请让我看看官网上的那台车。如果方便的话,我想用现在开的车以旧换新,所以请帮我鉴定。"

"咦?鉴定吗?"

"对!鉴定师在吗?"

"在,就是我。可是,我没有鉴定过。"

"咦!你不是负责鉴定吗?"

"对啊,没错。"

"那就麻烦你鉴定了!能不能帮我鉴定,然后估价?"

"估价吗?"

"对。"

"估价,我没估价过。"

"咦,没估价过?可是,你不是负责这部分吗?"

"对啊,没错。"

"那就麻烦你估价了。"

"嗯……好，那我打电话跟部长边讨论边估价，请稍等哦。"

（没问题吧？）

约莫两三分钟后，他回来了。

"鉴定结果是零元哦。"

"咦？可是，我的车检有效期还剩下整整两年呢。这部分不能帮我加点价吗？"

他搔搔头，理直气壮地说：

"可是就是零元啊。"

"有这种事？"

"话说回来，你怎么过来的？"

"我走高速公路过来的……"

"为什么走高速公路？其实，不走高速公路反而比较快呢。"

"呃，可是……"

"干吗走高速公路？换成是我，才不走高速公路呢！"

"啥？"

"你看，这根本是绕远路嘛！"

"……"

我们两个简直鸡同鸭讲，扯了老半天，而宇宙先生则一脸贼笑地看着我，仿佛在看好戏。

（这个人怎么这样呀！整我吗？）

"喂！你干吗整我！都是你说想兜风，我才来买车的，你却一直找我麻烦！"

"我哪有找麻烦啊！"

"故意找那种奇怪的店员出来整我，还说不是找麻烦！"

"你说什么！死小池！废话一大堆，还不快给我行动！"

"我行动了啊，看看我得到什么下场！"

"事情还没办完，不要急着下定论行不行！臭小池，嚣张个什么劲儿啊！"

多亏宇宙先生一番恶整，我更觉得不能空手而归了。我坐进车里，用手机重新查询附近的二手车行。

"不用急着今天买车吧？"妻子说。

"不，买不买车不是重点，我非去不可。我想接受正常的服务。我要让对方好好估价，然后说'我再考虑一下'才回家。我想接受良好的服务啊。"

语毕，我们前往第三家经销商。

一名沉稳又礼貌周到的中年店员出来迎接我们。

"我想用Honda（本田）的Life（本田的小型车）以旧换新，买一台Odyssey（本田的商务车）。"

我说想请店员帮我估价，看能不能以旧换新。

"这台Life是什么等级？"

"等级？呃，我不知道呢。"

"这样啊。其实像Life这款车，我们销售员也无法一眼就看出等级。您是在哪里买的？"

"××的汽车销售部。"

"哦，那边有一位K先生，他们也从我们家进了很多车呢。"

"咦？K先生？K先生是我学长，我就是向他买车的！"

"这样啊？好，那这一定是我们家的车。我去查个资料帮您鉴定，请稍等一下哦。"

（这也太顺利了吧！）

过了半晌，店员回来了。

"小池先生，这台车其实是限定车款哦！车检也才刚通过，我们愿意用十万元买下来。"

"咦？！真的吗！我只要再补十万，就能买你们店里的Odyssey了吧？而且免费保修十二个月，对吧？"

"咦？保修十二个月？"

店员偏偏头。

"对呀，你们官网是这么写的。"

经我一说，店员马上进办公室查询，接着回来告诉我。

"啊，是官网写错了。不好意思，免费保修是六个月才对。"

"这样啊。"

"唉，不过这是我们的失误，我去问一下所长。"

店员暂时离开，进去所长室片刻，然后又回来。

"由于我们官网误写为十二个月，所以这次为您提供十二个月免费保修。毕竟Life原本就是我们家的车，应该很快就能卖出去。还有，Odyssey我们会先验车再交给您，也会帮您换正时皮带（Timing belt）。"

"真的吗?"

上一家店发生莫名其妙的事,现在都恰恰相反,幸运得不得了。

不用说,我当然是一口答应。

在回程的车上,我妻子说了这么一段话。

"如果第一家店没有休假,第二家店没有那个瞎聊高速公路的年轻店员,我们就不会遇到这种好事了。孩子爸,真是太好了。"

"真的呢,幸好幸好。"

我望向后视镜,只见宇宙先生满脸贼笑地坐在后座上。

(不会吧!特地绕了这么一大圈……)

当晚,我试探性地询问宇宙先生。

"今天那三家店的事情,该不会是你设计的吧?"

"什么设计,讲那么难听,要说是'宇宙的安排'。"

"可是,要是我中途放弃跑回家,不就买不成车了?"

"对,一点儿也没错!"

宇宙级大师
宇宙先生的第十四课

别说"天有不测风云",要说"天有不测阳光"!

只要向宇宙下订单,宇宙一定会为你想出最戏剧化的情节,逐步实现愿望。

这一点,我已经强调过很多次了。

下了订单,照着提示行动就好。

日本以前就有很多谚语,有些谚语是肯定订单,有些则是否定订单。

比如"有一就有二,有二就有三"跟"无三不成礼"。

下了订单却不顺利时,你的看法将决定一切。

下了订单后,假如连续两次都不顺利,你是想着"有一就有二,有二就有三",灰心丧志?还是心想"无三不成礼",更积极地采取行动?

你的看法,将大大影响订单的成功率。

有些人说"天有不测风云",但是你听好了,应该是"天有不测阳光"才对。

无论你现在多么凄惨落魄,都可能在下一刻遇见奇迹。

不过!心诚则灵,心不诚则不灵哦。

第 2 部　宇宙超级喜欢戏剧性　203

31 "终极入账口头禅",加快你的赚钱速度!

有一天,我出差去东京参加心理学讲座,打算在百货公司买伴手礼给妻子和女儿。

那时,我看到了前阵子就想买的保罗·史密斯(Paul Smith)钱包。宇宙先生忽然冒出来,对我说道:"喂,小池!那个,买那个!"

"啊?买这个钱包?"

"对,就是那个。拥有自己最想要的钱包,有助于吸引财源。我说过很多次了,金钱也是一种能量,能量体在宇宙中是彼此相连的。"

"啊?金钱也是?"

"那还用说。而且，金钱之间经常交换信息。"

"咦？金钱彼此交换信息？"

"对。因此，如果不用金钱喜欢的方式对待金钱，金钱就会离开，再也不回来。**金钱是爱与信任的能量，所以它们喜欢满面笑容、开心花钱的人，也喜欢赚到钱时发自内心喜悦的人。**此外，它们会回到喜欢的钱包怀里。为金钱打造一个整齐清爽的环境，才能使金钱循环不息。在金钱社群里，它们都聊着这些话题。"

"那边的钱包怎么样？"

"很脏，劝你最好别去。"

"那边的钱包怎么样？"

"钱包的主人好像很小气，他不喜欢花钱，我在那边待到快发霉了。"

"那我还是不要去了。"

"我打死都不要回去那边。"

"哎，有没有什么好钱包呀？"

"我刚刚待过的那个钱包很棒哦，主人会笑呵呵地出来迎接我，钱包也很干净整齐，而且他还会爽快地送我出去。"

"我也想去那里看看！"

"好啊，下次我们一起去吧。"

"原来如此。原来金钱之间也会聊天啊。"

我径自拿起Paul Smith（保罗·史密斯）钱包，接着拿起妻子想要的COACH（蔻驰）钱包，去柜台结账。

从那天起，我会帮钱包上油、整理纸钞，随时注意保持钱包的干净整洁。

过了一阵子，有一天我在清点收银机时，宇宙先生冒出来说道："喂，小池，我来教你**终极入账口头禅**，让你早点把债还清！"

"咦咦咦！拜托你赶快教我！我什么都愿意做！"

宇宙级大师 宇宙先生的第十五课

一天说十次:"我付得起,我超强!"

现在我就教你"终极入账口头禅"。

当你支付每月账单或花钱时,大喊:"我付得起,我超强!"

这句话配小池这受虐狂是怪怪的,但这句话是最有效的。

因为这表示信任(付得起钱的)自己,也信任宇宙。

然后,付钱时一定要说这句话!

"谢谢。慢走。记得带朋友回来哦。"

还有另一点!

钱赚进来时,必须仔细地一张一张点钞,一边说:"欢迎回来,谢谢,我爱你。"

金钱就会觉得很开心,一一聚集到你身边!

如果觉得我在乱说,就试试看吧!

32 这一天终于来了！两千万债务，还清！

从那天起，无论支付的金额多么小，我都会说："我付得起，我超强！"

无论买什么，我都会说："谢谢！记得带朋友回来哦。"

每天清点收款机时，我会说："欢迎回来，谢谢，我爱你。"我以这种方式迎接金钱，同时享受提前还款的快感。

在路上看见相同数字的车牌号码时，看见粉红色的丰田皇冠汽车时，刚好遇到绿灯时，我都会立刻说出："赞！我的愿望要实现了！"

就这样，那一天终于来临。

小池："准备好了吗？OK吗？"

妻子:"嗯。"

(宇宙先生:"OK!")

大女儿:"你们要去哪里?"

小池:"我们要去一个很棒的地方!"

二女儿:"我也要去!我也要去!"

自从宇宙先生现身,我下了"还清债务"的订单,算算也过了九年。

最后的还款日,比预定日期还早一年到来。

我们小池家一家四口,一同前往国金,开心得像要去郊游似的。

一路上嘻嘻哈哈,好不热闹。

时机终于到了!

最后的二十一万二千三百八十九日元。

当我把钱交给国金的人那一刻,我大叫一声,双手高举握拳!大声呐喊!

第 2 部　宇宙超级喜欢戏剧性　211

我是很想这么做啦，但旁边还有很多客人，气氛也很严肃，所以我只在心里小小地比了个"YES"。

结束后，我们全家直奔寿司店。

妻子："终于结束了。"

小池："结束了！"

（宇宙先生："终于结束啦。"）

妻子："辛苦了。"

小池："谢谢！"

（宇宙先生："哼，没什么，小事一桩啦。"）

"哎呀，我们小池家，真的太幸福了。"

我对妻子这样说着，然后望向浮在空中的宇宙先生、小缘和乌鸦天狗。

不料，女儿却转向我注视的方向，说出这么一句话。

"对了！爸爸！人家以前跟小咪一起浮在空中哦！"

"哦？这样啊。"

"然后呀，我们选了爸爸跟妈妈，对神明说'我们决定在那个爸爸和妈妈的家出生'，所以才会来到我们家哦！"

"这样呀？……我真是太幸福了。"

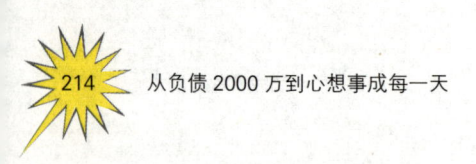

尾声　未来早已注定

当晚，当全家人都熟睡后，我去冰箱拿出特别珍藏的那东西。噗咻！

"嗯？奇怪。小池，那不是气泡酒吗？"

"没错，今天我想用这个干杯。"

"哈哈！你也跟宇宙一样，越来越喜欢戏剧化啦！"

我跟宇宙先生静静干杯。

"如果当时宇宙先生没有从花洒里冒出来，对我说'别放弃人生'，我要么宣告破产，要么已经死了。就因为我当时没有放弃，就因为宇宙先生用魔鬼训练教导我别放弃，才有现在的我。真的很感谢你。还有……真的很谢谢你信任我。你让我遇见全世界最好的老婆，还将女儿们带来我身边，真的非常感谢你。现在的我，真的很幸福。"

"哈哈，干吗这么正经八百的。这下子，你总算知道我有多伟大了吧。不过呢，我要告诉你一件事，对你说'别放弃'的人，**不是我哟，而是现在的你。**"

"什……什么意思？"

"好吧，为了庆祝你还清债务，我就来告诉你最神奇的宇宙系统吧。其实呢，你们以为时间是从过去流向未来，但宇宙并没有时间的概念。硬要说的话，**比较像从未来流向过去。**"

"从未来流向过去？"

"你知道这个时间点的你会还清债务，所以才特地向过去的你发送信息啦。"

"咦？向过去的我发送信息？这种事有可能吗？"

"这还用问吗！不然，你说为什么我会在过去、现在和未来之间穿梭，帮你擦屁股啊。"

"咦？宇宙先生，你在过去、现在和未来之间穿梭？"

"对啊。"

"意思是说，你知道我的未来咯？你知道我会还清债务？也知道接下来会发生什么事？"

"知道啊，干吗？"

"呃，那我十年后变成什么样子？"

"你白痴哦！你就是为了体验那些才来地球玩的，要是我告诉你，不就不好玩了吗？干吗作弊啊。"

"……"

"如果你非知道不可，就**捕捉未来的自己所发送的信息吧**。"

"未来的自己所发送的信息？"

"没错。这是宇宙所给予的最佳提示。而现在的你，也必须不断向过去的自己发送提示。记得附上爱与信任哦。来，向过去的自己发送信息吧。"

"咦？我办得到吗？"

"就是现在的你才办得到啊！你已经还清债务了，所以能发送信息给过去的那小子。我明明从小池小时候就一直告诉他，宇宙能够实现愿望，而那小子却中途忘记了。他输给了社会的思考框架，以为人不可能听得见宇宙的声音，才会搞得订单输送管破破烂烂，欠下一屁股债。只要

现在的你,向宇宙下订单,还清债务的你对他一喊,他一定会回应的!再说,如果过去的你放弃还钱,现在的你就惨了吧?"

"是啊!那当然!"

"好,如果现在的你,遇见九年前的你呢?面对那个背着债务、快要死掉的小池,你会怎么做?"

"怎么做?既然我知道现在的自己已还清债务,也过得很幸福,当然会阻止他自杀或失踪咯。"

"好,那就去阻止吧。"

"咦?该怎么阻止?"

"时间是从未来流向过去的。换句话说,未来的声音,当然能传送到过去。**过去是可以改变的啦**。所以,你就对着过去呼喊吧!"

"别放弃,别放弃。现在千万不能放弃啊。因为,你一定能得到幸福的。**未来的你真的很幸福,而且会很感谢过去这个努力打拼的你哦**。所以求求你,别放弃,千万不要放弃。"

"好啦,那我去教育过去的小池咯!下次见哟,小池。"

　　语毕，宇宙先生钻进花洒里，消失无踪。

后记

各位都看过这种电视广告吧?

"把多付的钱收回来,现在马上拨打电话!"

我一听到这句话,立刻眼睛一亮。十二年前,当时我欠下的两千万债务中,有六百万是高利贷,我甚至还觉得:"这广告根本是为我量身打造的嘛!"不久,我马上冲到律师事务所。

"好的,请告诉我,您在哪些地方借了多少钱。请说出金额与金融机构的名称。"

"是,我在A钱庄借了两百五十万。"

"咦?A钱庄!唉,那是最借不得的地方啊!还有呢?"

"是，我在B钱庄借了一百五十万。"

"咦？B钱庄！唉，那是最借不得的地方啊！还有呢？"

（两家都是最借不得的地方，是怎样啊。）

"是的，我在C钱庄借了一百五十万，在D钱庄借了五十万……"

"……唉，小池先生，我说啊，你去的全都是最借不得的地方。很抱歉，你的钱是拿不回来了。"

"不会吧！！！"

我跑了四家律师事务所，每个人都跟我说了类似的话。

我完全没有因为钱拿不回来而失望，反而觉得"过去的我真是不简单"。连律师都束手无策，我却没有被高利贷的利息打垮，活着把债还清，我不禁觉得：我这个人真可靠。

在此，我想郑重地对过去的自己说："谢谢你撑了过来。"

如果过去没有债台高筑，绝对不会有今天的我。

四面楚歌、走投无路时，我心想："管他是看不见的力量还是什么力量，只要能带我走向幸福，我什么都做！"

此时，我听见了宇宙先生的声音。

后记

"我绝对要为自己打造幸福!"

立下决心后,宇宙先生便源源不绝地给我提示,仿佛等我这句话等了好久。我想向大家分享这些"提示",这本书就诞生了。

毕竟,连我这个"小池"都能办到,相信各位读者一定也能够扭转人生。

大家心里可能有很多疑问,我先来爆几个料。

本书所写到的插曲,例如,抱着白猫的大婶(她听了会想打死我,还是叫她阿福太太好了)、闲置账户突然冒出几万块的意外之财、在山上找到披肩、为了买车而跑了好几家车行等出现在书中的内容,全部是真实发生的事情(抱着白猫的大婶……不,"阿福太太",到现在我还在找她呢)。

我的肉眼看不见的"宇宙先生",只听得见很冲的声音,所以就请插画家将我脑海里的想象,画成一个角色。为我跟妻子牵线的"小缘"、告诉我披肩掉在哪里的"乌鸦天狗",都是我借声音想象出来的角色!

"宇宙先生""小缘""乌鸦天狗",用一句超简单的话来说，各位可以把他们当成一种从天而降的**"第六感"**。有些人听了"从天而降"这四个字会觉得我怪怪的，不过我已经习惯被当成怪人了，没关系。（笑）

我希望各位能了解这些角色在现实中引发了什么样的奇迹，并希望各位也能想想："或许第六感很重要哦。小池也是借第六感，才能还清债务、逆转人生的吧？"因此，我才决定用这种形式来表达**"宇宙传来的声音"**。

现在，我依然向宇宙下订单许愿、向宇宙问问题，并接受宇宙给予的提示。我经常在早上慢跑时收到提示，一旦得到提示，我就会马上行动。这已经变成我生活的一部分了。

每一天，我都会自然地说出"谢谢""我爱你"，心中也充满了"谢谢""我爱你"。

因此，每一天，我都会遇到令人想说出"谢谢""我爱你"的好事。

善于运用语言的力量，你的思考根基跟生活都会随之改变，人生也会开始翻转。所以，我想让各位知道改变口头禅的重要性——不，应该说，我诚心想让各位知道，改变口头禅能带来多少"好处"。

啊，宇宙先生好像说话了。

"好啦，我不是说不用担心吗！人生这玩意儿啊，根本没什么好怕的啦！"

哎呀，果然够呛。不过，他说的是真的。放心吧。

人生下来就是为了得到幸福；换句话说，我们在出生前已将结局设定为"幸福"，而这一生只是在享受"行动"带来的乐趣罢了。我们的躯体就是用来接纳幸福的，所以完全不需要害怕。

"宇宙不会有事，所以我没事！"

请各位务必默念这句话。

将这句话养成口头禅，每天默念，就能改变"人生游戏"的设定。人生的难度设成等级一还是等级五，就看每个人的选择。

真希望能让过世的父亲，瞧瞧我无债一身轻、从心底开心享受人生的模样。不，我想，他一定正从宇宙看着我！

这是写完本书后，我脑中浮现的第一个感想。我的父母始终非常关心我，给予我许多鼓励，我衷心感谢他们二老。

此外，我也衷心感谢对背债的我不离不弃、选择我当人生伴侣的妻子，以及开心地在一旁支持我的女儿们。诚心感谢你们。接下来，我们会变得更加幸福哦！今后也请多多指教。

这回多亏各方人士的关照，才能让宇宙先生所教导的法则，以书本的形式面世。

将我的想象成功画成漫画人物的插画家ABENAOMI小姐、将许多插曲编写得超级简单易懂的作家MARU先生、SUNMARK出版社的桥口英惠小姐，以及诸多未曾谋面的和本书相关的人员，多亏各位的帮忙，才能做出这么棒的"虐待狂之书"，我只能感谢、再感谢！

"谢谢！我爱你们！"

最后，我要向宇宙下订单，祈求各位读者幸福，并送上"我爱你光波"！

小池浩